国家示范校建设成果教材

中等职业学校项目化教学改革教材

水利工程识图与绘图

主　编　蒋永红　王旋

副主编　吴小兵

中国水利水电出版社

www.waterpub.com.cn

内 容 提 要

本教材是中等职业学校项目化教学改革教材，根据最新 SL 73.1—2013《水利水电工程制图标准 基础制图》进行编写。本教材分 3 个项目：项目 1 识图与绘图基础知识由 4 个任务组成，分别为水利水电工程制图标准、读图的基本知识、标高投影、水利工程图的基本知识；项目 2 水利工程图识读由 8 个任务组成，分别为渠道认识及图纸识读、溢洪道认识及图纸识读、渡槽认识及图纸识读、土石坝认识及图纸识读、重力坝认识及图纸识读、拱坝认识及图纸识读、钢筋认识及图纸识读、房屋建筑认识及图纸识读；项目 3 水利工程 AutoCAD 绘图由 6 个任务组成，分别为使用 AutoCAD 绘图软件、绘制重力坝溢流坝段横剖面图、绘制土石坝横剖面图、绘制渡槽纵剖面图、绘制水池梁及盖板配筋图、绘制房屋建筑首层平面图。

本教材可供中职、高职水利类专业学生使用，也可供相关专业学生和工程技术人员参考。

图书在版编目（ＣＩＰ）数据

水利工程识图与绘图 / 蒋永红，王旋主编. -- 北京：
中国水利水电出版社，2015.5（2024.11重印）.
中等职业学校项目化教学改革教材
ISBN 978-7-5170-3223-6

Ⅰ．①水… Ⅱ．①蒋… ②王… Ⅲ．①水利工程－工
程制图－中等专业学校－教材 Ⅳ．①TV222.1

中国版本图书馆CIP数据核字(2015)第118624号

书　　名	国家示范校建设成果教材 中等职业学校项目化教学改革教材 **水利工程识图与绘图**
作　　者	主编　蒋永红　王旋　　副主编　吴小兵
出版发行	中国水利水电出版社 （北京市海淀区玉渊潭南路 1 号 D 座　100038） 网址：www.waterpub.com.cn E - mail：sales@mwr.gov.cn 电话：(010) 68545888（营销中心）
经　　售	北京科水图书销售有限公司 电话：(010) 68545874、63202643 全国各地新华书店和相关出版物销售网点
排　　版	中国水利水电出版社微机排版中心
印　　刷	清淞永业（天津）印刷有限公司
规　　格	368mm×260mm　横 8 开　13 印张　316 千字
版　　次	2015 年 5 月第 1 版　2024 年 11 月第 4 次印刷
印　　数	5001—6000 册
定　　价	**48.00 元**

凡购买我社图书，如有缺页、倒页、脱页的，本社营销中心负责调换

贵州省水利电力学校
校本教材编写委员会成员名单

主　任：陈海梁　卢　韦

副主任：刘幼凡　严易茂

成　员：刘学军　朱晓娟　程晓慧

　　　　邹利军　吴小兵　唐云岭

前　言

中等职业学校办学目标是为地方企、事业单位培养和输送合格的实用型人才，促进地方经济的发展；通过示范校建设，促进教学改革，形成以"工学结合"为特色的人才培养模式和课程体系，推动专业（群）建设，引领课程改革。而教材是实施人才培养方案的载体，是课程改革的重要成果。本教材在编写中体现以学生为本的特点，以"学生为主、教师为辅"，"教、学、做"一体化为原则，采用简洁、直观的图文，让学生"愿意学、学得会、会应用"，强调理论知识与工程实际应用相结合，避免理论化或学科化的倾向。本教材按照"项目导向、任务驱动"的思路编写，教材中基础理论部分以"必需、够用"为原则，不求面面俱到和完整性，删减与教学目标无关的理论知识，避免大篇幅的理论分析。整本教材以"识图与绘图基础知识""水利工程图识读""水利工程AutoCAD绘图"3个项目为主线构建了本课程完整的知识体系。本教材的教学时数为100～130学时，教师可根据本校学生的实际情况选择内容进行教学。

本教材内容丰富、实用，编写人员大都是具有工程实践经验和丰富教学经验的中、高级工程师和讲师。贵州省水利电力学校蒋永红、王旋担任主编，吴小兵担任副主编，参编人员有贵州省水利水电勘测设计研究院高级工程师唐恒，贵州省毕节市勘测设计研究院工程师钱莉莉，贵州省水利电力学校陈林（水利水电注册二级建造师）、徐庆珍、李思。编写分工如下：任务1.1、任务1.3、任务1.4和任务3.1由蒋永红与徐庆珍共同编写；任务1.2、任务2.6和任务3.2由蒋永红编写；任务2.1、任务2.3由唐恒编写；任务2.2由陈林编写；任务2.4、任务2.7由王旋编写；任务2.5、任务3.3由钱莉莉编写；任务2.8、任务3.5、任务3.6由吴小兵编写；任务3.4由李思编写。本书由蒋永红、王旋、吴小兵负责全书统稿和校对。

本教材编写过程中参考或引用了有关院校、施工企业、科研院所的一些教材、资料和文献等，在此表示衷心的感谢！

由于编者水平有限，书中难免有不足之处，敬请使用本教材的师生与读者批评指正，提出宝贵意见和建议，我们将积极采纳和改进。

编者

2014 年 12 月

目　录

项目 1　识图与绘图基础知识

项目导向：工程建设中，无论是修建大坝、水电站、渠道等水工建筑物还是修建房屋建筑，都需要通过图纸进行技术交流。图纸是工程建设中重要的技术文件，更是生产施工的依据。工程技术人员必须具备"识图"和"绘图"的能力。项目 1 是具备"识图"与"绘图"能力而必须掌握的基础知识，主要包括 4 个任务：水利水电工程制图标准，读图的基本知识，标高投影，水利工程图的基本知识。

项目重点：掌握最新国家标准中的有关知识、工程形体的表达方法、标高投影相关知识、水工图的表达方法。

项目难点：剖视图、断面图、标高投影、水工图的表达方法。

项目要求：熟悉制图标准中的相关规定；掌握投影的基本知识；掌握剖视图、断面图的表达方法。

任务 1.1　水利水电工程制图标准（SL 73.1—2013《水利水电工程制图标准基础制图》）

1.1.1　图纸幅面及图框格式

1. 图纸幅面

图纸幅面即图纸的大小。为了便于图纸的保管和合理利用，制图标准规定了五种不同尺寸的基本图幅，见表 1.1。

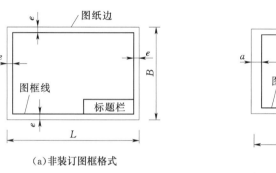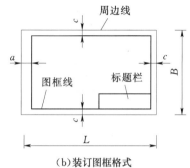

（a）非装订图框格式　　　　　（b）装订图框格式

图 1.1　图框格式

表 1.1　基本幅面及图框尺寸　单位：mm

幅面	代　号				
	A0	A1	A2	A3	A4
B×L	841×1189	594×841	420×594	297×420	210×297
e	20			10	
c	10			5	
a	25				

2. 图框格式

绘制图样时，必须用粗实线画出图框。无论图样是否装订，均应画出图框线。图框线必须用粗实线绘制，线宽为 0.5～1.4mm。图框格式如图 1.1 所示。

3. 标题栏

标题栏是图样的重要内容之一，每张图纸都必须画出标题栏。无论图纸横放、竖放，均

应在图纸右下角画出标题栏，外框线用粗实线绘制，分格线用细实线绘制。A0、A1 图纸幅面标题栏如图 1.2（a）所示，A2、A3、A4 图纸幅面中的标题栏如图 1.2（b）所示；学生用标题栏推荐格式如图 1.3 所示。

4. 会签栏

会签栏是各专业工种负责人的签字区，会签栏位于标题栏的上方或左边，不需会签的图纸可不设会签栏。会签栏格式如图 1.4（a）所示，会签栏位置如图 1.4（b）所示。

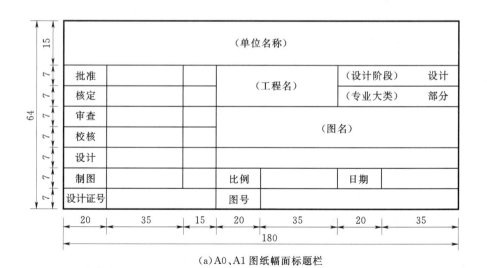

（a）A0、A1 图纸幅面标题栏

图 1.2（一）　图纸幅面标题栏

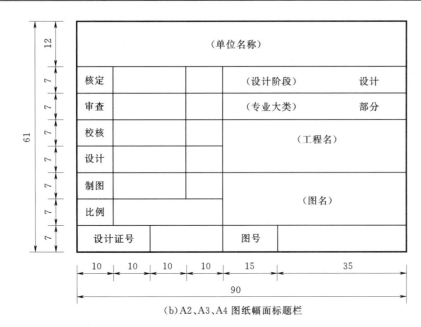

（b）A2、A3、A4 图纸幅面标题栏

图 1.2（二） 图纸幅面标题栏

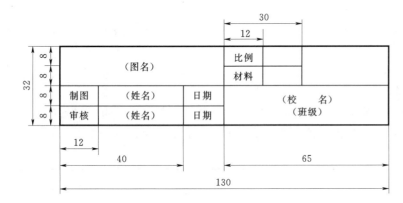

图 1.3 学生用标题栏推荐格式

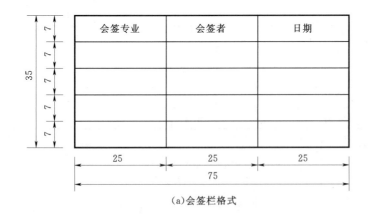

（a）会签栏格式

图 1.4（一） 会签栏

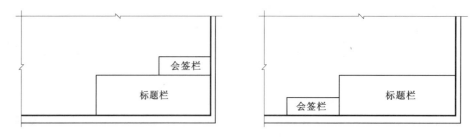

（b）会签栏位置

图 1.4（二） 会签栏

5. 修改栏

修改图宜在标题栏上方或左上方设置修改栏，修改栏的格式如图 1.5 所示。

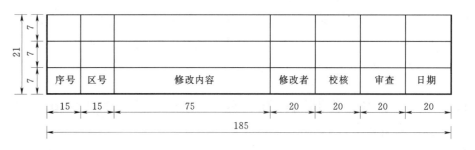

图 1.5 修改栏格式

1.1.2 绘图比例

工程建筑物的尺寸一般都很大，不可能按实际尺寸绘制，所以用图样表达物体时，应根据物体的大小及形状的复杂程度选取绘图比例，见表 1.2。

比例＝图上线段尺寸/实物线段尺寸

比例的类型可分为三种：原值比例 1∶1，表示图形大小与实物大小相同；放大比例如 5∶1，表示图形是实物的 5 倍；缩小比例如 1∶100，表示实物图形缩小 100 倍。

表 1.2 绘图比例参考表

常用比例	1∶1
	$1∶10^n$、$1∶2×10^n$、$1∶5×10^n$
	$2∶1$、$5∶1$、$(10×n)∶1$
可用比例	$1∶1.5^n$、$1∶2.5×10^n$、$1∶3×10^n$、$1∶4×10^n$
	$2.5∶1$、$4∶1$

注 n 为正整数。

无论采取何种比例，图中所注尺寸均应是物体的真实大小，与比例无关。工程图纸上必须注明比例，当整张图纸只用一种比例时，应统一注写在标题栏内，否则应在各图中另行标注。标注的形式可在该图名之后或图名横线下方标注，字号应比图名字体小一号，如图 1.6 所示。

平面图 1∶200 或 平面图 / 1∶200

图 1.6 比例的标注形式

在一个视图中的铅直和水平两个方向可采用不同的比例，两个比例比值不宜超过 5 倍。图样比例可采用沿铅直和水平方向分别标注的形式。有缩放要求的图纸，应增加绘图比例尺标注，如图 1.7 所示。

图 1.7 比例尺（单位：mm）

1.1.3 字体

图样上除了绘制物体的图形外，还必须用汉字填写标题栏、说明等。图样中的文字应按制图标准的规定书写。汉字应用长仿宋体书写。字体的号数即字体的高度 h，见表 1.3。

表 1.3			字 号 表			单位：mm
字高	20	14	10	7	5	3.5	2.5
字宽	14	10	7	5	3.5	2.5	1.8

注 A0 图汉字最小字高不宜小于 3.5mm，其余不宜小于 2.5mm。

汉字应使用正体字，阿拉伯数字或拉丁字母可使用斜体字，斜体字的字头向右倾斜，与水平线约成 75°角，如图 1.8 所示。

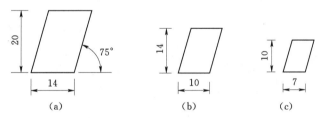

图 1.8 斜体字格式（单位：mm）

1.1.4 图线

1. 图线的用途和形式

图纸上所画的图形是由各种不同的图线组成。绘制图样时，应符合 SL 73.1—2013《水利水电工程图制图标准 基础制图》中对图线的规定。

（1）图线的用途见表 1.4。

（2）图线的型式如图 1.9 所示。

2. 图线的画法

图样中的图线分为粗、中、细三种，粗实线宽度 b，应根据图的大小和复杂程度在 0.5~2mm 之间选用。图线宽度的推荐系列为 0.18mm、0.25mm、0.35mm、0.5mm、0.7mm、1mm、1.4mm、2mm。图线画法应符合下列规定：

表 1.4		工程图样中常用图线表				
线宽号	线宽 /mm	图 幅				
		A0	A1	A2	A3	A4
7	2.0	特粗线	特粗线			
6	1.4	加粗线	加粗线	特粗线	特粗线	
5	1.0	粗线（b）	粗线（b）	加粗线	加粗线	特粗线
4	0.7			粗线（b）	粗线（b）	加粗线
3	0.5	中粗线（b/2）	中粗线（b/2）			粗线（b）
2	0.35			中粗线（b/2）	中粗线（b/2）	中粗线（b/2）
1	0.25	细线（b/4）	细线（b/4）			中粗线（b/2）
0	0.18			细线（b/4）	细线（b/4）	细线（b/3）

注 1. 各类线宽的一般用途：

（1）特粗线。需要特别醒目显示的线条。

（2）加粗线。图纸内框线。

（3）粗线。

1）粗实线：外轮廓线、主要轮廓线、钢筋、结构分缝线、材料（地层）分界线、坡边线、断层、剖切符号、标题栏外框线。

2）粗点划线：有特殊要求的线或其表面的表示线。

3）粗双点划线：预应力钢筋。

（4）中粗线。

1）中粗实线：次要轮廓线、表格外框线、地形等高线中的计曲线。

2）虚线：不可见轮廓线、不可见过渡或曲面交线、不可见结构分缝线、推测地层界限、不可见管线。

3）双点划线：扩建预留范围线、假想轮廓线轴线。

（5）细线。

1）细实线：尺寸线和尺寸界线、断面线、示坡线、曲面上的素线、钢筋图的构件轮廓线、重合断面轮廓线、引出线、折断线、波浪线（构件断裂边界线、视图分界线）、地形等高线中的首曲线、水位线、表格分格线、标题栏分格线、图纸外框线。

2）细点划线：轴线、中心线、对称中心线、轨迹线、节圆及节线、管线、电气图的围框线。

（6）所有文本均采用 0 号线宽、0 号线型。

2. 当 A0、A1 图幅中的线条或文字、数字很密集时，其线宽组合也可按 A2 图幅的规定执行。

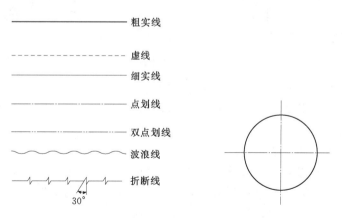

图 1.9 图线的型式   图 1.10 圆的中心线图

（1）绘制圆的对称中心线时，圆心应为线段的交点，点划线和双点划线的首末两端应是线段。如图 1.10 所示。

（2）在较小的图形上绘制点划线或双点划线有困难时，可用细实线代替，如图 1.11 所示。

（3）虚线与虚线相交，或虚线与其他图线相交，应是线段相交，如图 1.12 所示。虚线为实线的延长线时，不得与实线连接，如图 1.13 所示。

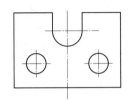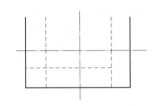

图 1.11　小圆的中心线图　　图 1.12　虚线与其他线型相交　　图 1.13　虚线为实线延长线

（4）图线不得与文字、数字或符号重叠、混淆，当不可避免时，应首先保证文字、数字或符号清晰。

1.1.5　尺寸标注

图样中的图形只能表达物体的形状和结构，而大小可通过尺寸标注来实现。标注尺寸应符合 SL 73.1—2013《水利水电工程制图标准　基础制图》中有关尺寸注法的规定。

1. 尺寸的组成

一个完整的尺寸标注由尺寸界线、尺寸线、尺寸数字、尺寸起止符号四部分组成，如图 1.14 所示。

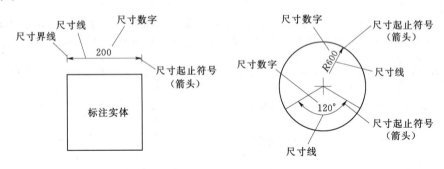

图 1.14　尺寸组成

（1）尺寸界线。用细实线绘制，尺寸界线可用轮廓线、中心线、轴线等代替。由轮廓线延长线引出的尺寸界线与轮廓线之间宜留有 2～3mm 的间隙，并超出尺寸线 2～3mm。

（2）尺寸线。用细实线绘制。图样中任何图线都不能代替尺寸线。

（3）尺寸数字。尺寸数字表示物体的真实大小，与绘制比例无关。尺寸数字一般用 2.5 号字书写。尺寸数字不可被任何图线或符号通过，否则应将图线或符号断开。

（4）尺寸起止符号。尺寸线终端常用箭头或斜线表示，但水利工程图中常用箭头作为尺寸线的终端。当标注圆弧、角度、弧长时，必须采用箭头作为尺寸线的终端。同一张图中宜采用一种尺寸起止符号。

2. 尺寸单位

SL 73.1—2013《水利水电工程制图标准　基础制图》规定：除标高、桩号及规划图、总布置图的尺寸以米（m）为单位外，其余尺寸均以毫米（mm）为单位，当以毫米（mm）为单位时，图中不必说明。

3. 尺寸的一般注法

（1）直线段的尺寸标注，如图 1.15 所示。

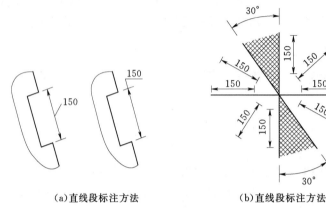

（a）直线段标注方法　　　　　　（b）直线段标注方法

图 1.15　直线段标注

（2）角度的尺寸标注。角度数字一律水平书写，如图 1.16 所示。

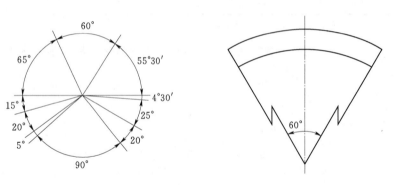

图 1.16　角度标注

（3）圆与圆弧的尺寸标注。完整圆和大于半圆的圆弧标注直径；小于半圆的圆弧标注半径，如图 1.17 所示。

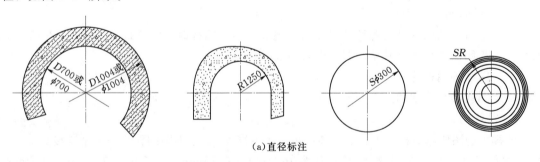

（a）直径标注

图 1.17（一）　圆与圆弧的尺寸标注

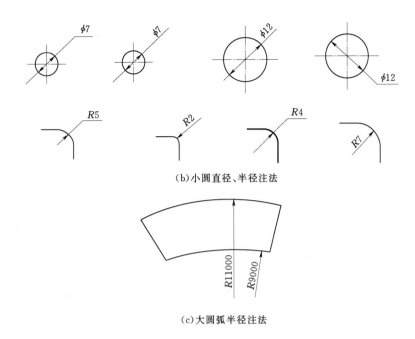

(b)小圆直径、半径注法

(c)大圆弧半径注法

图 1.17（二） 圆与圆弧的尺寸标注

（4）其他尺寸的标注。

1）坡度的标注。

a. 坡度采用 $1:n$ 的比例形式。坡度可采用箭头表示方向，箭头指向下坡方向，如图 1.18 所示。

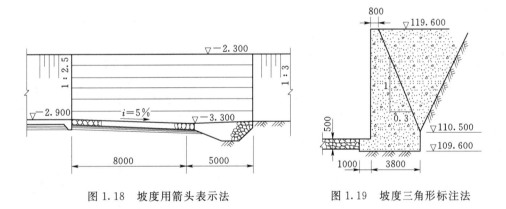

图 1.18 坡度用箭头表示法　　　　图 1.19 坡度三角形标注法

b. 坡度用直角三角形标注，如图 1.19 所示。

c. 坡度较缓时，可用百分数、千分数、小数表示，并在坡度数字下平行于坡面用箭头表示坡度方向，如图 1.20 所示。

2）标高的注法。水工建筑物的高度尺寸与水位、地面高度密切相关，且尺寸较大，多采用测量仪器确定，因此常用高程标注高度尺寸。高程的基准与测量的基准一致，采用黄海平均海平面为基准。有时为了施工方便，也采用某工程临时控制点、建筑物的底面、较重要端面为基准或辅助基准。

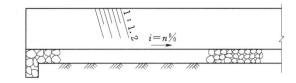

图 1.20 坡度用百分数或小数表示

a. 在立面图和铅垂方向的剖视图、剖面图中，标高符号采用细实线绘制的等腰三角形表示，尖端必须指向被标注高度的界线，标高数字一律注写在标高符号的右边，标高数字以米（m）为单位，保留小数点后三位，如图 1.21 所示。

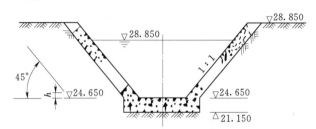

图 1.21 立面图、剖视、剖面图标高注法

b. 平面图中的标高应注写在被注平面的范围内，符号采用矩形方框内注写标高数字的形式，方框用细实线绘制。如图 1.22 所示。

c. 水面标高。水位符号应在立面标高三角形符号所标的水位线以下画三条等间距、渐短的细实线表示。特征水位的标高，应在标高符号前注写特征水位名称，如图 1.23 所示 。

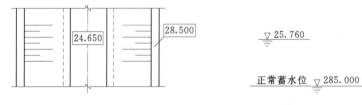

图 1.22 平面图中标高注法　　　　图 1.23 水位注法

3）水平尺寸的注法。水工图中，对河道、渠道、隧洞、堤坝等较长的建筑物，沿轴线的长度尺寸一般采用"桩号"的方法标注水平尺寸，标注形式为：km±m，"km"为公里数，"m"为米数。例如：0＋000 为起点桩号，"0＋043"表示该点桩号位于起点桩号后 43m，"0－500"表示该点桩号位于起点桩号前 500m。河道、渠道、隧洞、堤坝等以建筑物的进口为起点桩号。桩号数字一般垂直于轴线方向注写，且标注在轴线的同一侧，当轴线为折线时，转折点处的桩号数字应重复标注，如图 1.24 所示。当同一图中几种建筑物均采用"桩号"标注时，可在桩号数字之前加注文字以示区别，如图 1.25 所示。

4）非圆曲线尺寸注法。溢流坝坝面曲线的尺寸由三部分组成，如图 1.26 所示。

a. 溢流面曲线方程。

b. 坐标系（以堰顶为原点）。

c. 溢流坝面曲线上点的坐标值，见表 1.5。

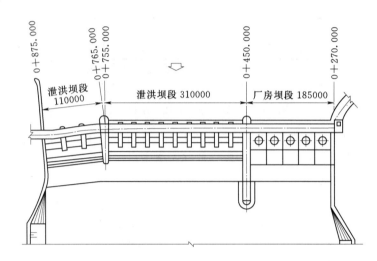

图1.24 桩号的标注（一）

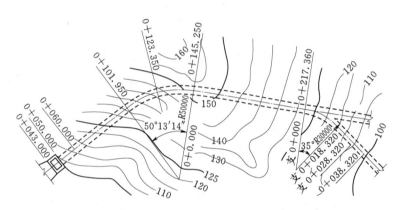

图1.25 桩号的标注（二）

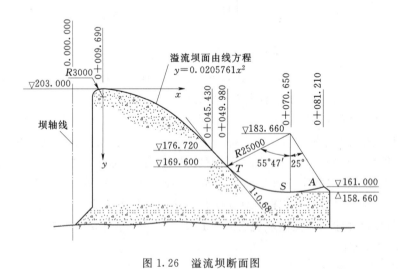

溢流坝面由线方程
$y=0.0205761x^2$

图1.26 溢流坝断面图

表1.5					溢 流 坝 面 曲 线 坐 标						单位：m	
x	0.00	1.00	2.00	3.00	5.00	10.00	15.00	20.00	25.00	30.00	35.00	40.00
y	0.000	0.021	0.082	0.185	0.514	2.058	4.629	8.230	12.860	18.518	25.206	32.922

注　$y=0.0205761x^2$。

5）多层结构的尺寸注法。在水工图中多层结构尺寸一般用引出线加文字说明标注。其引出线必须垂直通过引出的各层，文字说明和尺寸数字应按结构的层次注写，如图1.27所示。

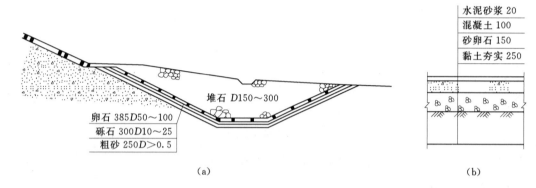

图1.27 多层结构的标注

1.1.6 水工图常见图例

1. 建筑材料图例

建筑材料图例见表1.6。

表1.6			建 筑 材 料 图 例		
序号	名　称	图　例	序号	名　称	图　例
1	岩石	或	5	砂卵石砂砾石	
2	石材		6	块石　堆石	
3	碎石			块石　干砌	
4	卵石			块石　浆砌	

序号	名　称		图　例	序号	名　称	图　例	序号	名　称	图　例	序号	名　称		图　例
7	条石	干砌		18	沥青混凝土		29	松散保温材料		39	金属网格		或
		浆砌		19	砂、灰土、水泥砂浆		30	纤维材料		40	灌浆帷幕		
8	水、液体			20	金属		31	多孔材料		41	笼筐填石		
9	天然土壤			21	砖		32	橡胶		42	砂（土）袋		
10	夯实土			22	耐火砖、耐火材料		33	塑料		43	梢捆		
11	回填土			23	瓷砖或类似料		34	防水或防潮材料		44	沉枕		
12	回填石渣			24	非承重空心砖		35	玻璃、透明材料		45	沉排	竹（柳）排	
13	黏土			25	木材	纵断面	36	沥青砂垫层				软体排	
14	混凝土					横剖面	37	土工织物		46	花纹钢板		
15	钢筋混凝土			26	胶合板		38	钢丝网水泥喷浆、钢筋网喷混凝土	（应注明材料）	47	草皮		
16	二期混凝土			27	石膏板								
17	埋石混凝土			28	钢丝网水泥板								

注　1. 本表所列的图例在图样上使用时可以不必画满，仅局部表示即可。同一序号中，画有两个图例时，左图为表面视图，右图为断面图例。只有一个图例时，仅为断面图例。
　　2. 断面图中，当不指明为何种材料时，可将序号"20"中图例（金属）作为通用材料图例。
　　3. 序号"14"中图例（混凝土）适用于素混凝土和少筋混凝土，也可适用于较大体积的钢筋混凝土建筑物的断面。
　　4. 带有"＊"号的图例，仅适用于表面视图。

2. 水工建筑物平面图例

水工建筑物平面图例见表1.7。

表 1.7　　　　　　　　　　　　　　水工建筑物平面图例　　　　　　　　　　　　　　续表

序号	名　称		图　例	序号	名　称		图　例	序号	名　称		图　例	序号	名　称		图　例
1	水库	大型		12	升船机			22	跌水			34	堤		
		小型		13	码头	栈桥式		23	虹吸	大型		35	防浪墙	直墙式	
						浮式				小型				斜墙式	
2	混凝土坝			14	筏道			24	斗门			36	沟	明沟	
3	土石坝			15	鱼道			25	谷坊					暗沟	
4	水闸			16	溢洪道			26	鱼鳞坑			37	渠		
5	水电站	大比例尺		17	渡槽			27	喷灌			38	运河		
		小比例尺		18	急流槽			28	矶头			39	水塔		
6	变电站			19	隧洞	大型		29	丁坝			40	水井		
7	水力加工站、水车					小型		30	险工段			41	水池		
8	泵站			20	涵洞（管）	大型		31	护岸			42	沉沙池		
9	水文站					小型		32	挡土墙			43	淤区		
10	水位站			21	斜井或平洞			33	铁路	正规铁路		44	灌区		
11	船闸									轻便铁路		45	分（蓄）洪区		

序号	名 称		图 例	序号	名 称		图 例
46	围垦区			54	门式起重机	有外伸臂	
47	过水路面					无外伸臂	
48	露天堆料场	散装		55	斜坡卷扬机道		
		其他材料		56	斜坡栈道（皮带廊等）		
49	高架式料仓			57	露天电动葫芦	双排支架	
50	漏斗式储仓	抵御式				单排支架	
		侧御式		58	铁路桥		
51	建筑物	新建		59	公路桥		
		原有		60	便桥、人行桥		
		计划		61	施工栈桥		
		拆除		62	道路	公路	
		新建地下				大路	
52	露天式起重机					小路	
53	架空索道						

任务 1.2 读图的基本知识

1.2.1 立体三视图的识读

1. 三视图的形成与投影规律

（1）投影面的建立。建立三个相互垂直的投影面，即正立投影面、水平投影面、侧立投影面，如图 1.28 所示。

（2）分面进行投影。将物体放入三面投影体系中，然后将物体向三个投影面分别进行投影得物体的三视图，如图 1.29 所示，展开后的三视图如图 1.30 所示。

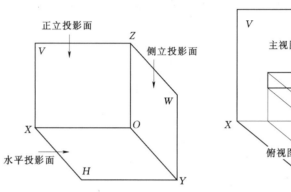

图 1.28 三投影面体系　　　图 1.29 物体放入投影体系中投影

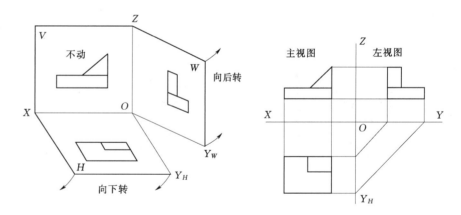

图 1.30 展开后的三视图

（3）三视图与空间物体的对应关系和三视图的投影规律。

1）三视图与空间物体的对应关系如图 1.31 所示。

2）三视图的投影规律如图 1.32 所示。

2. 简单体三视图的投影特征

（1）棱柱三视图的图形特征：两个视图外轮廓为矩形，一个视图为多边形，如图 1.33 所示。

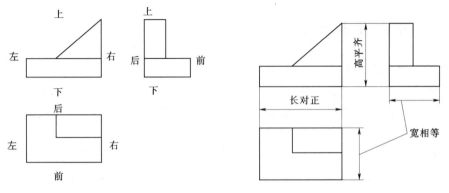

图 1.31 三视图与空间物体的对应　　　图 1.32 三视图的投影规律

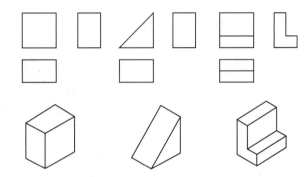

图 1.33 棱柱三视图图形特征

（2）棱锥三视图图形特征：两个视图外轮廓为三角形，一个视图为多边形，如图 1.34 所示。

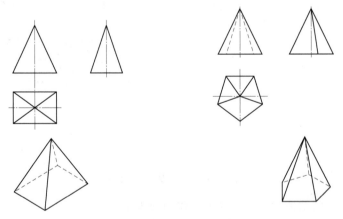

图 1.34 棱锥三视图图形特征

（3）棱台三视图图形特征：两个视图外轮廓为梯形，一个视图为一大一小的相似多边形，如图 1.35 所示。

（4）圆柱三视图图形特征：两个视图为矩形，一个视图为圆，如图 1.36 所示。

（5）圆锥三视图图形特征：两个视图为三角形，一个视图为圆，如图 1.37 所示。

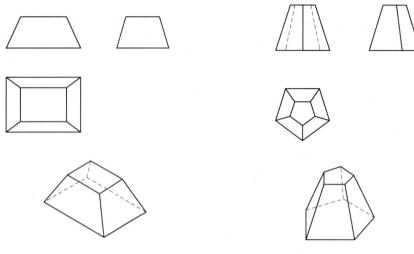

图 1.35 棱台三视图图形特征

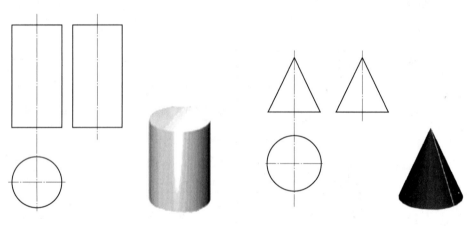

图 1.36 圆柱三视图图形特征　　　图 1.37 圆锥三视图图形特征

（6）圆台三视图图形特征：两个视图为梯形，一个视图为一大一小的相似圆，如图 1.38 所示。

（7）球体三视图图形特征：三个视图均为圆，如图 1.39 所示。

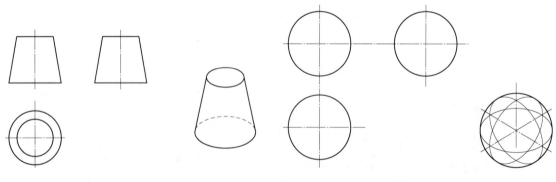

图 1.38 圆台三视图图形特征　　　图 1.39 球体三视图图形特征

3. 立体三视图识读

(1) 读图的基础知识。

1) 读图的准则：看图时应以主视图为中心，将各视图联系起来看。

2) 读图的依据：三视图的投影规律、简单体的投影特征。

3) 读图的主要方法：形体分析法。

(2) 形体分析法读图。

1) 形体分析法：以简单体为读图单元，根据三视图的投影规律和简单体三视图的投影特征，逐一识读，想象出每一简单体的形状之后，综合起来想整体。形体分析法是读图的主要方法。

2) 形体分析法读图的步骤：分线框→找投影及想形状→综合起来想整体。

【例题1.1】 根据涵洞进口的视图，想象出空间形状，如图1.40所示。

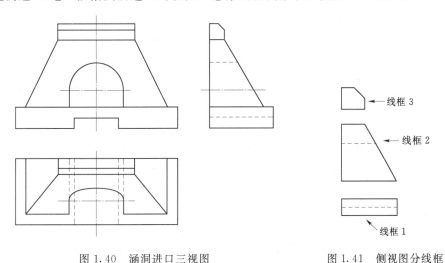

图1.40 涵洞进口三视图   图1.41 侧视图分线框

步骤1：分线框。在能明显分出线框的视图上将视图分成若干线框，本例将左视图分为3个线框，如图1.41所示。

步骤2：找投影及想形状。

(1) 根据投影规律找出线框1所对应的三面投影，如图1.42（a）所示。

(2) 根据简单体的投影特征可知线框1所对应的立体形状如图1.42（b）所示。

(a)线框1所对应三面投影   (b)线框1所对应的立体形状

图1.42 线框1所对应的三面投影及立体形状

(3) 根据投影规律找出线框2对应的三面投影，如图1.43（a）所示。

(4) 根据简单体的投影特征可知线框2所对应的立体形状，如图1.43（b）所示。

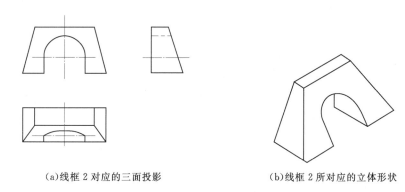

(a)线框2对应的三面投影   (b)线框2所对应的立体形状

图1.43 线框2所对应的三面投影及立体形状

(5) 根据投影规律找出线框3对应的三面投影，如图1.44（a）所示。

(6) 根据简单体的投影特征可知线框3所对应的立体形状，如图1.44（b）所示。

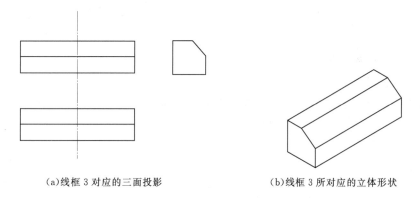

(a)线框3对应的三面投影   (b)线框3所对应的立体形状

图1.44 线框3所对应的三面投影及立体形状

步骤3：综合起来想整体。根据所想出的3个线框所代表的3个立体的相对位置关系（上、下、左、右、前、后），将3个立体组合起来，想象出整个涵洞进口的形状，如图1.45所示。

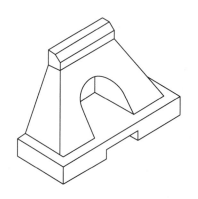

图1.45 涵洞进口形状

【例题 1.2】 根据闸墩三视图，想象出空间形状，如图 1.46 所示。

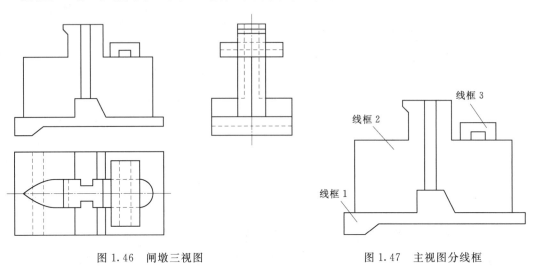

图 1.46 闸墩三视图   图 1.47 主视图分线框

步骤 1：分线框。在能明显分出线框的视图上将视图分成若干线框，本例将主视图分为 3 个线框，如图 1.47 所示。

步骤 2：找投影及想形状。

（1）根据投影规律找出线框 1 所对应的三面投影，如图 1.48（a）所示。

（2）根据简单体的投影特征可知线框 1 对应的立体形状，如图 1.48（b）所示。

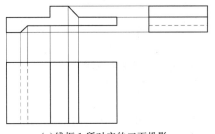 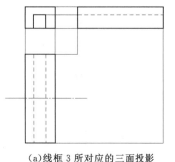

(a)线框 1 所对应的三面投影   (b)线框 1 所对应的立体形状

图 1.48 线框 1 所对应的三面投影及立体形状

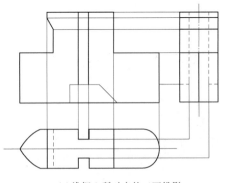 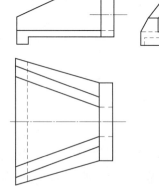

(a)线框 2 所对应的三面投影   (b)线框 2 所对应的立体形状

图 1.49 线框 2 所对应的三面投影及立体形状

（3）根据投影规律找出线框 2 所对应的三面投影，如图 1.48（a）所示。

（4）根据简单体的投影特征可知线框 2 对应的立体形状，如图 1.48（b）所示。

（5）根据投影规律找出线框 3 所对应的三面投影，如图 1.49（a）所示。

（6）根据简单体的投影特征可知线框 3 所对应的立体形状，如图 1.49（b）所示。

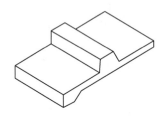 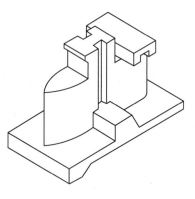

(a)线框 3 所对应的三面投影   (b)线框 3 所对应的立体形状

图 1.50 线框 3 所对应的三面投影及立体形状

步骤 3：综合起来想整体。根据所想出的 3 个线框所代表的 3 个立体的相对位置关系（上、下、左、右、前、后），将 3 个立体组合起来，想象出整个闸墩进口的形状，如图 1.51 所示。

训练 1：图 1.52 所示为涵洞三视图，想象空间形状。

训练 2：图 1.53 所示为闸室段三视图，想象空间形状。

1.2.2 剖视图、断面图

1. 剖视图的概念

对于内部结构比较复杂的物体，如用视图表达，势必会出现很多虚线，不便于读图和标注尺寸，工程上经常需要表达结构的断面形状和材料，因此常用剖视图、断面图表达结构复杂的形体。

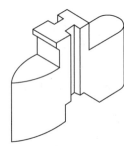

图 1.51 闸墩立体形状

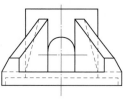 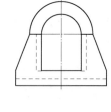

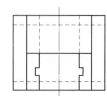

图 1.52 涵洞三视图   图 1.53 闸室段三视图

制图标准规定：假想用剖切面剖开物体，将处在观察者和剖切面之间的部分移去，而将其余部分向投影面投影所得的图形称为剖视图，如图1.54所示。

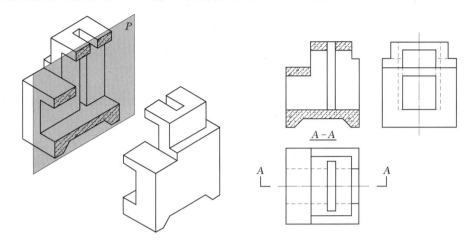

图1.54 剖视图

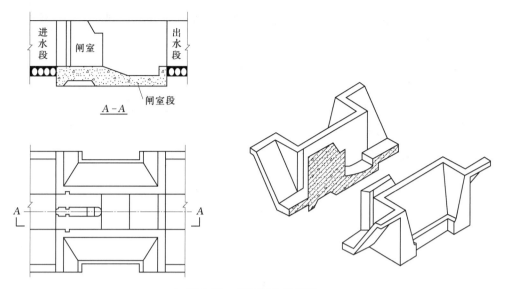

图1.55 闸室段全剖视图

2. 剖视图的画法与标注

（1）剖视图的画法。剖、移、看、画四步。

1）剖。首先确定剖切位置，剖切面位置一般应平行于投影面，且与物体内部结构的对称面或轴线重合，并用剖切符号表示剖切位置和投影方向。

2）移。移去剖切面与观察者之间的部分。

3）看。将剩余部分当成一个新的立体进行正投影。

4）画。画出剖视面图，应将剖切面与物体接触的部分画出材料符号，材料符号应符合SL 73.1—2013《水利水电制图标准 基础制图》中规定。

（2）剖视图标注。一般应在剖视图的上方标注剖视图的名称"×-×"（"×"为大写的字母或阿拉伯数字）。在相应的视图上用剖切符号表示剖切位置和投射方向，并标注相同的字母。

为了读图时便于找出投影关系，剖视图一般需要用剖切符号标注剖切面的位置、投射方向和剖视图名称。剖切平面的起、迄和转折位置通常用长约5～10mm、线宽1～1.5倍的粗实线表示，不能与图形轮廓线相交，在剖切符号的起、迄和转折处注上字母、投影方向，剖视图名称是在所画剖视图上方或下方用相同的字母或数字标注，如A-A、B-B、1-1等。

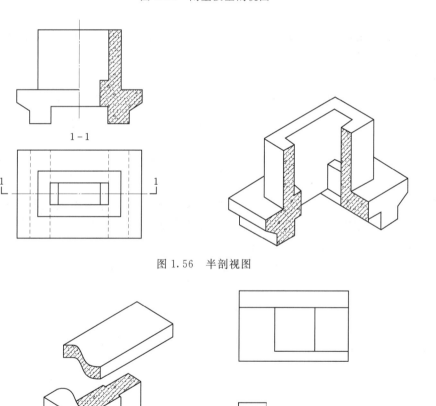

图1.56 半剖视图

3. 工程上常见的几种剖视图

（1）全剖视图。用剖切平面完的剖开物体所得的剖视图称为全剖视图。全剖视图适用于外形简单、内部结构比较复杂的物体，如图1.55所示。

（2）半剖视图。当物体具有对称平面时，以对称线为界，一半绘成剖视图，另一半绘成视图，组合而成的图形称为半剖视图。半剖视图适用于内外形状均需表达的对称或基本对称的物体，如图1.56所示。

（3）局部剖视图。用剖切面剖开物体的局部所得到的剖视图，称为局部剖视图。局部剖视图适用于内外形状均需表达但不对称的物体，如图1.57所示。

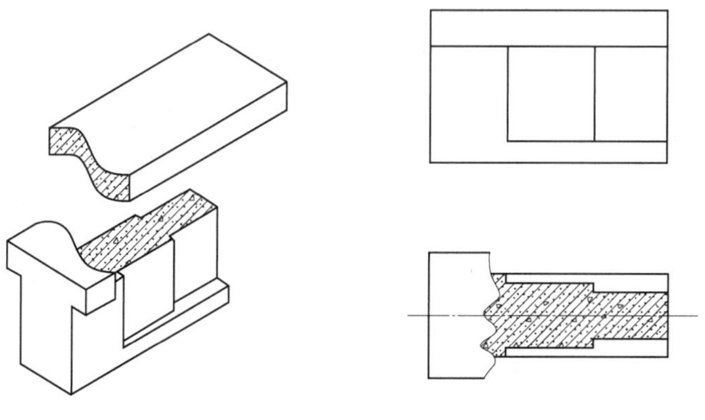

图1.57 变截面梁局部剖视图

（4）阶梯剖视图。用几个平行的剖切面同时把物体全部剖开后得到的剖视图称为全剖视图，如图1.58所示。

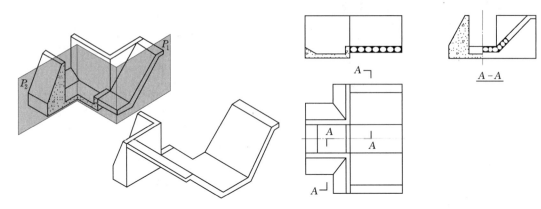

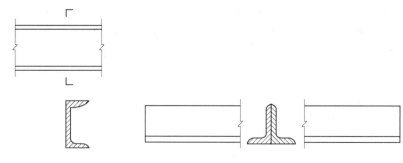

图1.58 消力池、渠道阶梯剖视图

4. 断面图

（1）断面图的概念。假想用剖切面剖开物体后，仅画出该剖切面与物体接触部分的图形称为断面图，简称断面。

断面图剖切符号的绘制应符合下列规定：

1）剖切符号用剖切位置线表示，用粗实线绘制，长度宜为5~10mm。

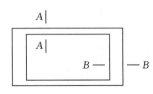

2）剖切符号的编号宜采用阿拉伯数字或字母按顺序连续标号表示，并应注写在剖切位置线的一侧；标号所在的一侧应为剖切后的投影方向，如图1.59所示。

（2）断面图的种类。

1）移出断面。绘制在视图之外的断面图称为移出断面图。断面图的绘制应符合以下规定：

a. 移出断面的轮廓线用粗实线绘制。

b. 移出断面配置在剖切位置延长线上的，且断面图形对称，可不标注，如图1.60所示；断面图形不对称的，应在剖切符号两端绘制粗实线表示投影方向，如图1.61所示。

c. 断面图形对称，且移出断面配置在视图轮廓线中断处的可不标注，如图1.62所示。

图1.59 剖切符号编号

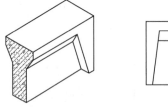

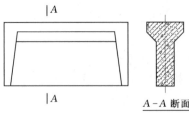

图1.60 对称移出断面

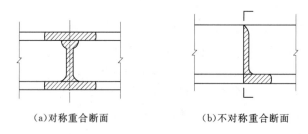

图1.61 不对称移出断面　　图1.62 中断处移出断面

2）重合断面图。画在视图之内断面图称为重合断面图。重合断面图的绘制应符合下列规定：

a. 重合断面图的轮廓线应用细实线绘制，当视图轮廓线与重合断面的图形重叠时，视图中轮廓线仍应完整地画出，不可间断。

b. 对称的重合断面可不标注，如图1.63（a）所示；不对称的重合断面应标注剖切位置，并用粗实线表示投影方向，可不标注字母，如图1.63（b）所示。

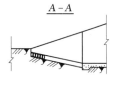

（a）对称重合断面　　　　（b）不对称重合断面

图1.63 重合断面

c. 用一个公共剖切平面将物体切开得到两个不同方向投影的断面图的，应按图1.64中断面 B-B 和断面 C-C 的形式标注。

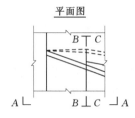

图1.64 结构突变处的断面

（3）河流的纵断面和横断面如图1.65所示，建筑物的纵断面和横断面如图1.66所示。

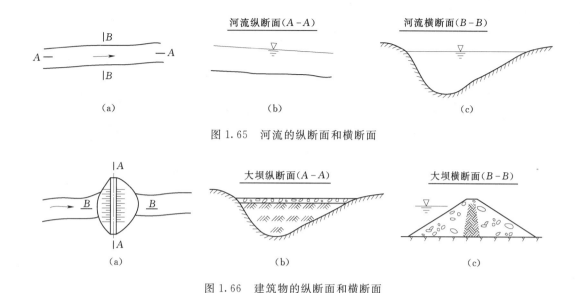

图 1.65 河流的纵断面和横断面

图 1.66 建筑物的纵断面和横断面

任务 1.3 标高投影

1.3.1 标高投影的基本概念

水工建筑物的修建与地面密切相关，需绘出地面形状和地面上的建筑物，以便图解工程问题。但是地面形状是复杂的，很难用多面正投影和轴测投影表达清楚。因此，在生产实践中用标高投影表达复杂地形面和曲面。

1. 标高投影的用途

标高投影是用来表达建筑物与所处地形面连接问题的单面正投影。建筑物与地面连接后会产生建筑物坡面间的交线以及建筑物坡面与地面的交线。

土建施工后具有一定坡度的平面或曲面称为坡面，坡面分为开挖坡面和填筑坡面，坡面与地面的交线称为坡边线，坡边线分为开挖坡边线（简称开挖线）和填筑坡边线（简称坡脚线），坡边线需用粗实线绘制，如图 1.67、图 1.68 所示。

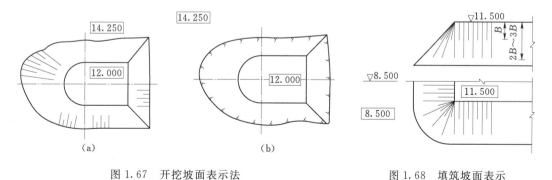

图 1.67 开挖坡面表示法　　图 1.68 填筑坡面表示

2. 标高投影的形成与要素

（1）形成。在物体的水平投影上加注特征面、线以及控制点的高程数值，并注明比例尺

的单面正投影，如图 1.69 所示。

（2）标高投影图的三要素。水平投影、高程数值、绘图比例，如图 1.70 所示。制图标准规定：高程分为绝对高程和相对高程。基准面为黄海平均海平面的高程称为绝对高程；基准面为黄海平均海平面之外的高程称为相对高程。高程数字单位为米（m，一般精确到小数点后三位）。

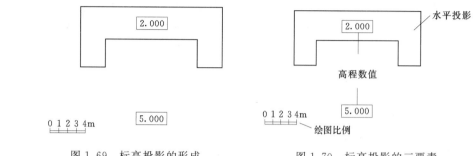

图 1.69 标高投影的形成　　图 1.70 标高投影的三要素

1.3.2 点和直线的标高投影

1. 点的标高投影

在点的水平投影上加注点的高程数值，并注上比例值或图示比例尺，即得点的标高投影，如图 1.71 所示。

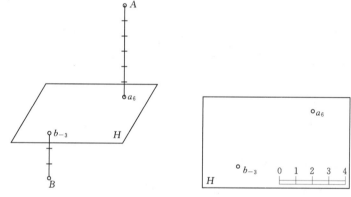

图 1.71 点 A、B 的标高投影

2. 直线的标高投影

将直线向水平投影面投影，加注特征点的高程数值，并给出绘图比例或比例尺，即得直线的标高投影，如图 1.72 所示。

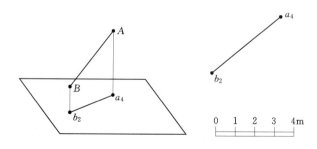

图 1.72 直线 AB 的标高投影

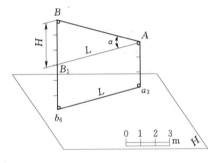

图 1.73 直线的坡度

1）用直线上两点的标高投影表示直线，如图 1.74 所示。

2）用直线上一点的标高投影和直线的方向与坡度表示直线，箭头指向下坡的方向，如图 1.75 所示。

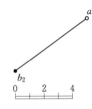

图 1.74 直线的表示方法（一）

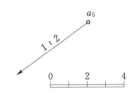

图 1.75 直线的表示方法（二）

【例题 1.3】 已知直线 AB 的标高投影为 $a_{20}b_{10}$，如图 1.76 所示，求直线 AB 的坡度与平距，并求直线上 C 点的标高。

分析：欲求坡度与平距，先求出高差 H 和水平距离 L，H 可由直线上的两点的标高数值计算取得，L 可按比例由标高投影度量取得，然后利用公式 $i=H/L$ 确定。

作图：

（1）H_{ab} 为 A、B 两点的高度差，$H_{ab}=20-10=10$（m），L_{ab} 为 A、B 两点的水平距离，由比例尺量得 $a_{20}b_{10}$ 的长度 $L_{ab}=30$m，因此坡度 $i=10/30=1:3$。

（2）直线的平距 $l=3$。

（3）按比例量得 bc 间距离为 15m，根据 $i=H/L$ 得 $H_{bc}=1/3\times15=5$（m），所以 C 点的标高应为 $10+5=15$（m）。

1.3.3 平面的标高投影

1. 平面的等高线和坡度线

平面的等高线：等高线就是平面内的水平线，即平面与一系列水平面的交线，将等高线向水平面投影并注上相应的高程数值，即得等高线的标高投影，如图 1.77 所示。

平面上等高线的特点：①等高线是直线；②等高线相互平行；③当高差相等时，等高线间的水平距离也相等。

平面内的坡度线：平面上垂直于等高线的直线就是平面上的坡度线，如图 1.78 所示。

坡度线的特点：①标高投影中与等高线垂直；②坡度线的坡度代表平面的坡度。

（1）直线的坡度与平距。

直线的坡度 i，即直线上任意两点的高差与其水平投影长度的比值。坡度可以用来表示直线的倾斜程度，如图 1.73 所示。

$$坡度 \ i=高差/水平投影距离$$

直线的平距 l，即直线上高差为 1m 的两点所对应的水平投影的长度；坡度越大，平距越小；坡度越小，则平距越大。

（2）直线的表示方法。

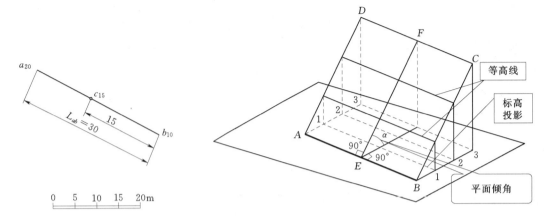

图 1.76 直线 AB 上点 C 的标高投影　　　图 1.77 平面的等高线

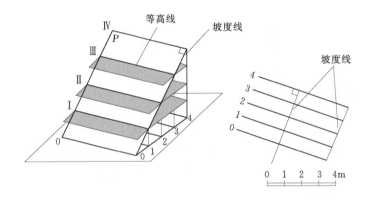

图 1.78 平面内的坡度线

2. 平面的标高投影的表示法与平面内等高线的求作

在图解实际工程问题时，常常需要用到平面内的等高线，因此应熟练掌握标高投影中平面的表示方法和平面内等高线的求作。

（1）用平面上的一条等高线和一条坡度线表示平面。

（2）用平面上的一条倾斜直线以及坡面的大致坡向表示平面，如图 1.79 所示。

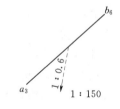

图 1.79 平面表示方法

【例题 1.4】 求作图 1.80（a）所示平面内高程为 26m、24m、23m 的等高线。

分析：根据平面上等高线的特性可知，所求等高线与已知等高线 25m 平行，又知该平面的坡度为 $i=1:1.5$，所以求作该平面上的等高线，只需在坡度线上求作。

作图：如图 1.80（b）所示，根据坡度 $i=1:1.5$ 可知 $l=1.5$m，沿坡度线的方向从高程为 25m 的点依次量取 2 个平距，再在逆向坡度线方向量取 1 个平距，即得该坡度线上高程为 26m、24m、23m 的各点。过各点作已知等高线 25m 的平行线，即得平面内高程为 26m、24m、23m 的等高线。

3. 曲面的标高投影

（1）正圆锥面的标高投影。土石方工程中，常将建筑物的侧面做成坡面，而在转角处做成与侧面坡度相同的圆锥面，如图 1.81 所示。

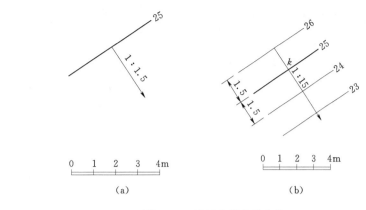

图 1.80 平面内等高线求作

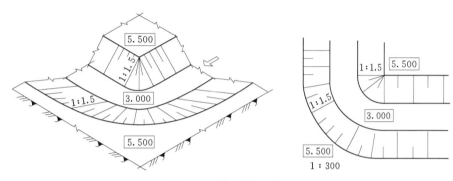

图 1.81 河渠转弯坡面

河渠转弯处圆锥面上等高线的特点：①等高线是同心圆；②高差相等时等高线间的间距也相等。

正圆锥面的标高投影是用一组等高线和坡度线表示的。正圆锥面内的等高线就是圆锥面内的水平圆，将这些水平圆向水平投影面进行投影并注上相应的高程数值，即得正圆锥面上等高线的标高投影。正圆锥面的素线就是圆锥面上的坡度线，所有素线的坡度都相等，如图1.82所示。

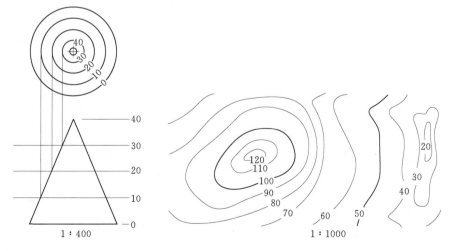

图 1.82 正圆锥面的标高投影　　　图 1.83 地形面的标高投影

（2）地形面的表示法。地形面是不规则的自然地面，可用一组地形等高线来表示，地形等高线即地面上高程相同的点的集合，用一系列高差相等的水平面切割地形面，即得一组等高线，如图 1.83 所示。画出这些等高线的标高投影，注明每条线的高程，并注明绘图比例和指北针，即得地形面的标高投影图。

1）地形等高线的特点。地形等高线是不规则曲线，一般情况下，等高线不相交、不重合，在同一张地形标高投影图中，等高线越密表示该处坡越陡，反之越缓。

2）地形等高线的识读。通过等高线地形特征，可以识别常见的地形，见表1.8。

表 1.8　　　　　　　　　　常见的地形特征表

地形	示意图	等高线图	主要特征
山顶	山顶	300 200 100	等高线闭合，数值从中心向四周逐渐降低
山脊	山脊	300 200 100	等高线弯曲部分向低处凸出
山谷	山谷	400 300 200 100	等高线弯曲部分向高处凸出
鞍部	鞍部	300 200 100	两个山顶之间的低地部分
陡崖	陡崖	300 200 100	若干条等高线重叠在一起

1.3.4　工程建筑物的交线

建筑物的交线是指建筑物本身坡面间的交线以及坡面与地面的交线。

【例题 1.5】　已知地面高程为 2m，基坑底面高程为 −2m，坑底的大小形状和各坡面坡度如图 1.84 所示，完成基坑开挖后的标高投影图。

分析：该建筑物表面比地面低，属于开挖类建筑物，需要求作开挖线和坡面交线两类交线。开挖线是各挖方坡面与地面的交线，建筑物共有 4 个坡面，产生 4 条开挖线。4 个相邻

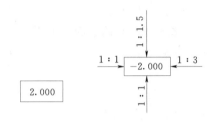

图 1.84 坑底的大小形状和各坡面坡度

坡面相交产生 4 条坡面交线。

作图：（1）求开挖线。如图 1.85（a）所示。

坑底边线是各坡面上高程为 −2m 的等高线，开挖线是各坡面上高程为 2m 的等高线，两等高线间的高差 $\Delta H = 4m$，水平距离 $L = \Delta H \times l = 4l$，当 $l = 1$ 时，$L_1 = 1 \times 4 = 4(m)$；当 $l = 1.5m$ 时，$L_2 = 1.5 \times 4 = 6(m)$；当 $l = 3$ 时，$L_3 = 3 \times 4 = 12(m)$。根据所求的水平距离按比例沿各坡面坡度线分别量取 $L_1 = 4m$，$L_2 = 6m$ 和 $L_3 = 12m$，得各坡面上的 2m 高程点，过各点作坑底边平行线，即得开挖线。

（2）求坡面线。画出各坡面示坡线，如图 1.85（b）所示。

（3）画出各坡面的示坡线，完成作图，如图 1.85（c）所示。

作图：（1）求坡脚线。因地面是水平面，各面与地面的交线是各坡面上高程为 2.00m 的等高线，平台是各坡面上高程为 6m 的等高线，两等高线的水平距离为

$$L_1 = \Delta H / i_1 = (6-2)/(1/1) = 4(m)$$
$$L_2 = \Delta H / i_2 = (6-2)/(1/1) = 4(m)$$
$$L_{圆锥} = \Delta H / i_3 = (6-2)/(1/0.6) = 2.4(m)$$

沿各坡面上坡度线的方向量取相应的水平距离，即可做出各面的坡度线。其中圆锥面的坡脚线是圆锥台顶部圆的同心圆，如图 1.87（b）所示。

（2）求坡面交线。在各坡面上作出高程为 6.00m、5.00m、4.00m、… 一系列等高线，得相邻坡面上同高程等高线的一系列交点，即为坡面线上的公共点，如图 1.87（c）所示。依次光滑连接各点线最后画出各坡面的示坡线，完成作图，如图 1.87（d）所示。

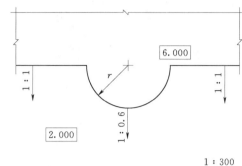

图 1.86 平台示意图

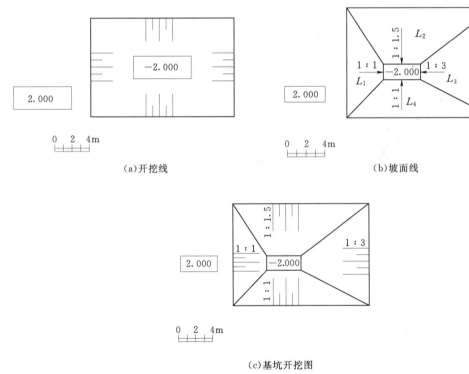

（a）开挖线　（b）坡面线

（c）基坑开挖图

图 1.85 基坑开挖后的标高投影作图

【例题 1.6】 在高程为 2m 的地面上修筑一高程为 6m 的平台，如图 1.86 所示，求平台完成后的标高投影图。

分析：本题需求两类交线：一类为坡脚线，另一类为坡面线。坡脚线中，两斜面与地面的交线是直线，圆锥面与地面的交线是曲线，共 3 条；坡面线中，两斜面与圆锥面的交线都是非圆曲线，共 2 条，如图 1.87（a）所示。

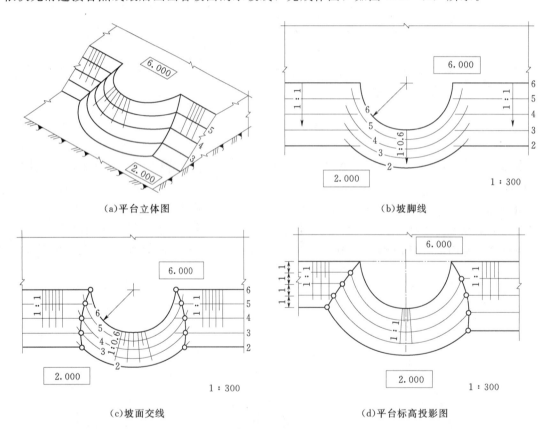

（a）平台立体图　（b）坡脚线

（c）坡面交线　（d）平台标高投影图

图 1.87 平台标高投影分析与作图

1.3.5 地形断面图

用一铅垂面剖切地形面，画出剖切平面与地形表面的交线及剖面符号，称地形断面图。地形断面图是工程中计算土石方量的依据。

地形断面图的画法步骤：找交点→定横坐标及纵坐标→求轮廓点→连接轮廓点并画剖面符号。

（1）找交点，如图 1.88（a）所示。

（2）定横坐标、纵坐标，如图 1.88（b）所示。

（3）求轮廓点，如图 1.88（c）所示。

（4）连接轮廓点并画剖面符号，如图 1.88（d）所示。

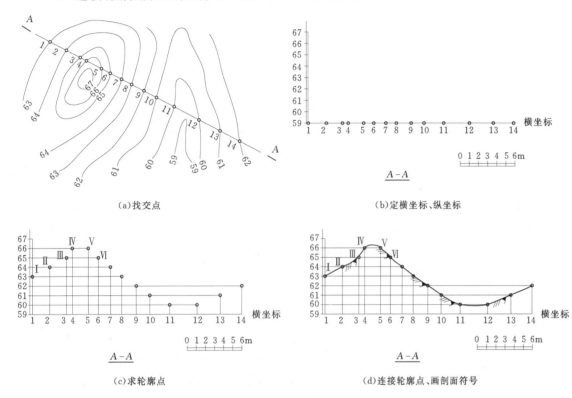

（a）找交点

（b）定横坐标、纵坐标

（c）求轮廓点

（d）连接轮廓点、画剖面符号

图 1.88 地形断面图的画法

注意：在连接各点过程中，相邻同高程的两点在断面图中不能连为直线，而应按该段地形图的变化趋势光滑连接。

一般地形的高差和水平距离数据相差较大，因此在地形断面图中，高程方向的比例可与水平方向比例不同，这时所画的地形断面图，只反映该处地形起伏变化而不反应地形实形。

任务 1.4 水利工程图的基本知识

1.4.1 水工建筑物中常见的曲面

在水工建筑中，为了满足结构受力、使用功能或外形美观的需要，往往较多地使用曲面体型的结构。特别是溢洪道部分，为使水流均匀平稳，减少水头损失，并避免发生空蚀，需将结构的表面设计成符合水流流态的曲面，如尾水管、渐变段及进水喇叭口等。

1. 柱面

闸墩上的柱面如图 1.89 所示。

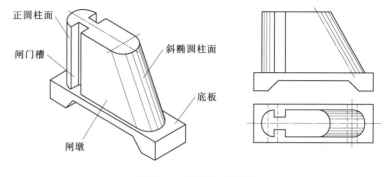

图 1.89 闸墩上的柱面

2. 锥面

土石方工程中建筑物侧面一般为坡面，两个坡面连接转角处常用与坡面坡度相同的圆锥面连接，如图 1.90 所示。

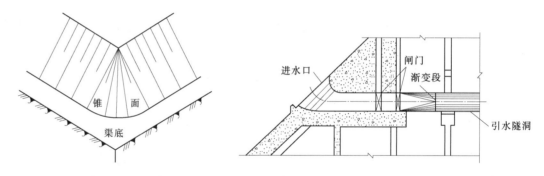

图 1.90 渠道的锥面形式的坡面　　图 1.91 方圆渐变段在工程中的应用

3. 渐变段（方圆渐变段）

水利工程中，引水隧洞洞身通常设计成圆形断面，而在进、出口处为了安装闸门的需要而设计成矩形断面，在矩形断面和圆形断面之间，常用一个由矩形逐渐变化成圆形的过渡段来连接，这个过渡段称为方圆渐变段，如图 1.91 所示。

（1）组成。渐变段是由四个三角形平面和四个部分斜椭圆锥面相切而形成的组合面，如图 1.92 所示。

（2）方圆渐变面三视图如图 1.93 所示。

（3）方圆渐变面断面段如图 1.94 所示。

4. 扭面

水工建筑物控制水流部分的剖面一般为矩形，而灌溉渠道的剖面一般都是梯形。为使水流平顺及减少水头损失，由矩形剖面变为梯形剖面之间常用一个过渡段来连接，该过渡段的表面就是扭面，如图 1.95 所示；扭面过渡段三视图如图 1.96 所示。

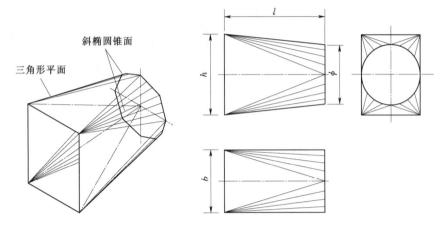

图 1.92　方圆渐变段组成　　　　图 1.93　方圆渐变三视图

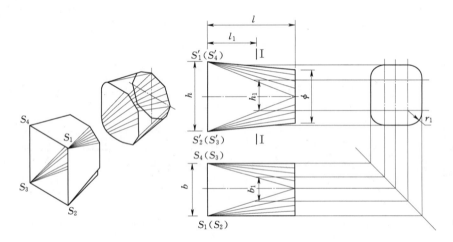

图 1.94　方圆渐变段断面图

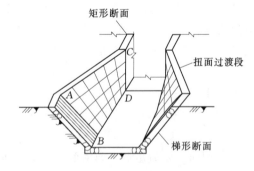

图 1.95　扭面应用实例

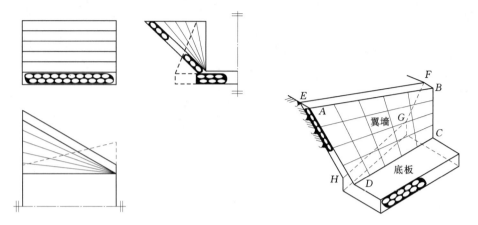

图 1.96　扭面过渡段三视图

1.4.2　水工图的分类

水工图是表达水工建筑物及其施工过程的图样，根据水利水电工程兴建的不同阶段，可将水工图分为以下几类。

1. 规划图

规划图是表达水利资源综合开发全面规划的示意图。按照水利工程的范围大小，规划图有流域规划图、水利资源综合利用规划图、灌区规划图、行政区域规划图等。规划图是以勘测阶段的地形图为基础的，采用符号图例示意的方式表明整个工程的布局、位置和受益面积等各项内容。

2. 枢纽布置图

在水利工程中，由几个不同类型的水工建筑物有机地组合在一起协同工作的综合体称为水利枢纽，表达水利枢纽布置的图样称为枢纽布置图。枢纽布置图是将整个水利枢纽的主要建筑物的平面图形，画在地形图上而形成的图。枢纽布置图反映各建筑物的大致轮廓及其相对位置，是各建筑物定位、施工放样、土石方施工以及绘制施工总平面图的依据。

3. 建筑结构图

用于表达枢纽中单个建筑物形状、大小、材料以及与地基和其他建筑物连接方式的图样称为建筑结构图。对于建筑结构图中由于图形比例太小而表达不清楚的局部结构，可采用大于原图形的比例将这些部位和结构单独画出。

4. 施工图

施工图是表达水利工程施工过程中的施工组织、施工程序、施工方法等内容的图样，包括施工总平面布置图、建筑物基础开挖图、混凝土分块浇筑图、坝体温控布置图等。

5. 竣工图

竣工图是指工程验收时根据建筑物建成后的实际情况所绘制的图样。水利工程在兴建过程中，由于受气候、地理、水文、地质、国家政策等各种因素影响较大，原设计图纸随着施工的进展要调整和修改，竣工图应详细记载建筑物在施工过程中对设计图修改的情况，以供存档查阅和工程管理之用。

1.4.3 水工图的特点

水工图的绘制，除遵循制图基本原理以外，还根据水工建筑物的特点制定了一系列的表达方法，综合起来水工图有以下特点：

（1）水工建筑物形体庞大，有时水平方向和铅垂方向相差较大，允许一个图样中纵横方向比例不一致。

（2）水工图整体布局与局部结构尺寸相差大，所以在水工图的图样中可以采用图例、符号等特殊表达方法及文字说明。

（3）水工建筑物总是与水密切相关，因而处处都要考虑到水流方向问题。

（4）水工建筑物多数建在地面上，因而水工图需表达建筑物与地面的连接关系。

1.4.4 水工图的表达方法

1. 视图的命名和作用

（1）平面图。建筑物的俯视图在水工图中称平面图。常见的平面图有枢纽总平面布置图和单一建筑物的平面图。平面图主要用来表达水利工程的平面布置，建筑物水平投影的形状、大小及各组成部分的相互位置关系、剖视、断面的剖切位置、投影方向和剖切面名称等，如图1.97所示。

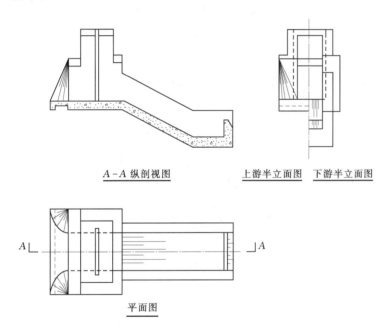

图 1.97 水闸的平面图、立面图、剖视图

（2）立面图。建筑物的主视图、后视图、左视图、右视图，即反映高度的视图，在水工图中称为立面图。立面图的名称与水流方向有关，观察者顺水流方向观察建筑物所得到的视图，称为上游立面图；观察者逆水流方向观察建筑物得到的视图，称为下游立面图。上、下游立面图均为水工图中常见的立面图，其主要表达建筑物的外部形状，如图1.97所示。

（3）剖视图、断面图。剖切平面平行于建筑物轴线剖切的剖视图或断面图，在水工图中称为纵剖视图或纵断面图；剖切平面垂直于建筑物轴线剖切的剖视图或断面图，在水工图中

称为横剖视图或横断面图。剖视图主要用来表达建筑物的内部结构形状和各组成部分的相互位置关系，建筑物主要高程和主要水位，地形、地质和建筑材料及工作情况等。断面图的作用主要是表达建筑物某一组成部分的断面形状、尺寸、构造及其所采用的材料，如图1.97所示。

（4）详图。将物体的部分结构用大于原图的比例画出的图样称为详图。其主要用来表达建筑物的某些细部结构形状、大小及所用材料。详图可以根据需要画成视图、剖视图或断面图，它与放大部分的表达方式无关。详图一般应标注图名代号，其标注的形式为：把被放大部分在原图上用细实线小圆圈圈住，并标注字母，在相应的详图下面用相同字母标注图名、比例，如图1.98和图1.99所示。

（a）详图与原图在同一张图纸内　（b）详图与原图不在同一张图纸内　（c）详图采用标准图

图 1.98 详图标注方法

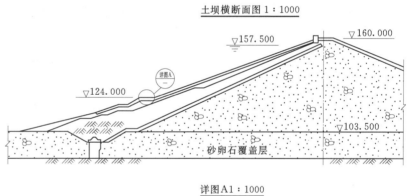

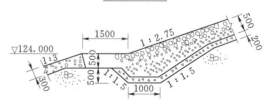

图 1.99 土坝横断面图与详图 A

2. 视图的配置

水工图的视图应尽量按照投影关系配置在一张图纸上。为了合理地利用图纸，也允许将某些视图配置在图幅的适当位置。当建筑物过大或图形复杂时，根据图形的大小，也可将同一建筑物的各视图分别画在单独的图纸上。

水工图的配置还应考虑水流方向，对于挡水建筑物，如挡水坝、水电站等应使水流方向在图样中呈现自上而下；对于输水建筑物，如水闸、隧洞、渡槽等应使水流方向在图中呈现自左向右。

3. 视图的标注

（1）水流方向的标注。在水工图中一般应用水流方向符号注明水流方向。水流方向符号应根据需要按 SL 73.1—2013《水利水电工程制图标准　基础制图》规定的三种形式之一绘制，图中"B"值根据图幅自定。为了区分河流的左右岸，制图标准规定：视向顺水流方向（面向下游），左边为左岸，右边为右岸，如图 1.100 所示。

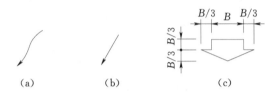

图 1.100　水流方向符号

（2）地理方位的标注。在水工图的规划图和枢纽布置图中应用指北针符号注明建筑物的地理方位。指北针符号应根据需要按 SL 73.1—2013《水利水电工程制图标准　基础制图》规定的三种形式之一绘制，图中"B"值根据图幅自定。指北针一般画在图纸的左上角，必要时也可画在图纸的右上角，箭头指向正北，如图 1.101 所示。

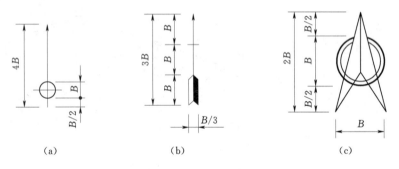

图 1.101　指北针符号

（3）视图名称和比例的标注。为了明确各视图之间的关系，水工图中各个视图都要标注名称，名称一律注在图形的正下方，并在名称的下面绘一粗实线，其长度应以图名所占长度为标准。当整张图只用一种比例时，比例统一注写在图纸标题栏内，否则，应逐一标注。比例的字高应比图名的字高小 1～2 号。

4. 水工图的特殊表达方法

（1）合成视图。对称或基本对称的图形，可将两个视向相反的视图或剖视图或断面图各画一半，并以对称线为界合成一个图形，这样形成的图形称为合成视图，图中的 $B-B$ 和 $C-C$ 是合成剖视图，如图 1.102 所示。

（2）拆卸画法。当视图、剖视图中所要表达的结构被另外的次要结构或填土遮挡时，可假想将其拆卸或掀掉，然后再进行投影，图 1.102 所示平面图中对称线后半部分桥面板及胸

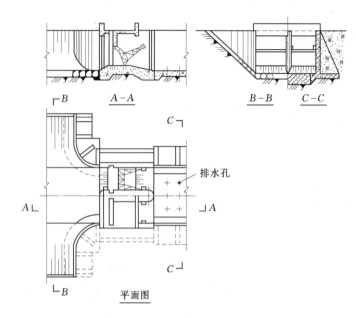

图 1.102　水闸的合成视图

墙被假想拆卸，填土被假想掀掉，所以可见弧形闸门的投影，岸墙下部虚线变成实线，如图 1.103 所示。

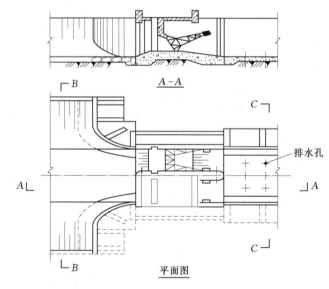

图 1.103　拆卸画法

（3）省略画法。省略画法就是省略重复投影、重复要素、重复图形等使图样简化的图示方法。当图形对称时，可以只画对称的一半，但必须在对称线上的两端画出对称符号。图形的对称符号应按图 1.104 所示用细实线绘制。

对于图样中的一些小结构，当其呈规律分布时，可以简化绘制，如图 1.105 所示消力池底板的排水孔只画出 1 个圆孔，其余只画出中心线表示位置。

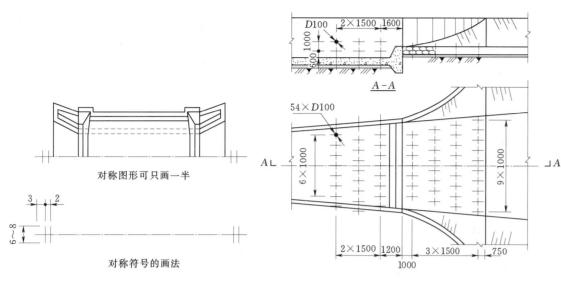

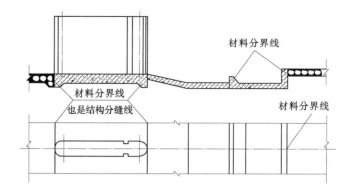

图 1.104 对称省略画法及对称符号　　图 1.105 相同要素简化画法

图 1.107 缝线画法

（4）不剖画法。对于构件支撑板、薄壁和实心的轴、柱、梁、杆等，当剖切平面平行其轴线或中心线时，这些结构按不剖绘制，用粗实线将它与其相邻部分分开，如图 1.106 中 $A-A$ 剖视图中的闸墩和 $B-B$ 断面图中的支撑板。

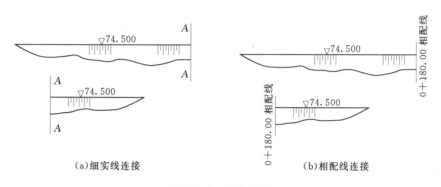

图 1.108 连接画法

1.4.5　水工图的识读

读图的方法和步骤：识读水工图的顺序一般是由枢纽布置图到建筑结构图，先整体后局部，先主要结构后次要结构，先粗后细、逐步深入的方法进行。

1. 概括了解

了解建筑物的名称、组成及作用。识读任何工程图样时都要从标题栏开始，从标题栏和图样上的有关说明中了解建筑物的名称、作用、比例、尺寸单位等内容；了解视图表达方法，分析各视图的视向，弄清视图中的基本表达方法、特殊表达方法，找出剖视图和断面图的剖切位置及表达细部结构详图的对应位置，明确各视图所表达的内容，建立图与图及物与图的对应关系。

2. 深入阅读

概括了解之后，进一步仔细阅读，由主要结构到次要结构，逐步深入。将平面图、立面图、剖面图对照识读。

3. 综合整理

通过归纳总结，对建筑物的大小、形状、位置、结构、功能等特点有完整、清晰的了解。

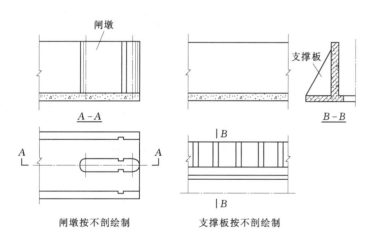

图 1.106 不剖画法

（5）缝线的画法。在绘制水工图时，为了清晰地表达建筑物中的各种缝线，如伸缩缝、沉陷缝、施工缝和材料分界缝等，无论缝的两边是否在同一平面内，这些缝线都用粗实线绘制，如图 1.107 所示。

（6）连接画法。较长的图形允许将其分成两部分绘制，并用连接符号表示，如图 1.108 所示。

项目2 水利工程图识读

项目导向：图纸是工程师的共同语言，在水利工程施工中，从设计图纸逐渐变为实物的过程，需正确识读水利工程图纸，并正确理解设计者设计的思路，从而在施工中正确地应用设计图纸修建成为实物。项目2主要包括8个任务：渠道认识及图纸识读，溢洪道认识及图纸识读，渡槽认识及图纸识读，土石坝认识及图纸识读，重力坝认识及图纸识读，拱坝认识及图纸识读，钢筋认识及图纸识读，房屋建筑认识及图纸识读。

项目重点：常见水利工程建筑物的类型、构造及作用，识读常见水利工程建筑物图纸及识读方法和步骤。

项目难点：拱坝认识及图纸识读、钢筋认识及图纸识读。

项目要求：了解水利工程建筑物的类型、构造及作用，掌握水利工程图识读方法和识读步骤，理解水利工程图识读的重要性，明确水利工程图识读的任务，能正确识读水利工程图纸。

任务2.1 渠道认识及图纸识读

2.1.1 渠道的认识

渠道是灌溉、发电、航运、给水、排水等工程中广泛采用的输水建筑物，尤其在灌溉工程中使用最多。在灌溉工程中，渠道线长面广，遍布整个灌区，是灌区最主要的建筑物。渠道的规划、设计是否合理，将直接关系到整个灌区的总投资的多少、施工及管理的难易和最终效益的大小。灌溉渠道一般分为干、支、斗、农四级，其中干、支主要起输水作用，斗渠、农渠主要起配水作用。

2.1.1.1 渠道的类型

在工程实际应用中，渠道常按横断面形状、衬砌材料和横断面结构分类。

1. 按横断面形状分类

按横断面形状分为梯形、矩形、U形、梯弧形复式断面四类。其中梯形断面最为常见，它便于施工且相对稳定；矩形断面多在比较坚硬的岩石地基中修筑，工程量较小；U形断面的水力条件优于矩形或梯形断面，但衬砌大部分为预制，仅限于小型或部分中型渠道，在山区渠道中施工难度较大。

2. 按衬砌材料分类

按衬砌材料分为纯土料、混合土料、浆砌石、混凝土或钢筋混凝土、膜料防渗渠道五类，其中浆砌石、混凝土渠道最常见。浆砌石渠道在块石或砾石料丰富的地区广泛使用，其抗冲刷能力强、抗冻性能好、工程造价相对较低。混凝土渠道在大型输水渠道使用较多，具有体积轻巧，重量小，施工可塑性强，防渗漏、抗冲刷、适应冻胀变形、寿命长等性能。

3. 按横断面结构分类

按横断面结构分为挖方断面、填方断面、半挖半填断面三类，横断面结构形式主要受渠道过水断面和渠道沿线地形控制。在工程实际应用中，常采用半挖半填断面结构形式，尽量做到挖填平衡、减少工程量、降低工程费用。

2.1.1.2 渠道的构造及作用

渠道的断面形式一般为梯形或矩形，主要由渠道衬砌、防渗面板及砂浆抹面、分缝及止水等细部构造组成。

（1）渠道衬砌、防渗面板。一般采用浆砌石、混凝土浇筑，主要作用是提高渠道的稳定性、防渗。

（2）砂浆抹面。通常在采用浆砌石衬砌时，需砂浆抹面以减少渗漏、降低渠道的糙率。

（3）分缝与止水。地基条件变化处需设置沉降缝，分缝处设置止水，防止渗漏。

2.1.2 渠道图纸识读

在我们常见的水利工程中，渠道通常是按照地基条件及衬砌材料来进行分类。贵州省最常见的渠道中有土方渠道、石方渠道、浆砌石渠道和混凝土渠道等。下面以贵州省水利工程中最常见的渠道为案例，识读渠道图。

1. 概括了解

了解图纸的主要组成部分，主要地质地形情况，分析建筑物各部分采用了哪些表达方法，断面结构形式及上、下游衔接情况。

从标题栏、工程特性表和图样上的说明中，了解各建筑物的名称、作用、尺寸单位、绘图比例等内容。

2. 深入阅读

概括了解之后，需进一步仔细阅读，了解每个图所表达的主要内容，根据这些内容进行分析，读懂建筑物的形状、构造、尺寸、材料等内容。

3. 综合整理

通过对平面图、纵断面图、剖面图等的识读，总结归纳，综合整理，对各建筑物的大小、形状、位置、结构、材料、功能有一个完整、清晰的了解。

【案例2.1】 贵州省某灌溉工程左干渠图纸识读，左干渠设计图如图2.1所示。

工程概况：该渠道为5级渠道，总长1000m，渠道底坡为1/2000，采用混凝土衬砌，断面形式为梯形和矩形。渠道设计流量为1.612m³/s，流量加大系数为1.30。渠道为傍山土石混合渠道，自然边坡稳定，但是浅部覆盖层及风化层有垮塌现象。根据地质情况，渠道分为土渠和石渠，相应的采用梯形断面和矩形断面。

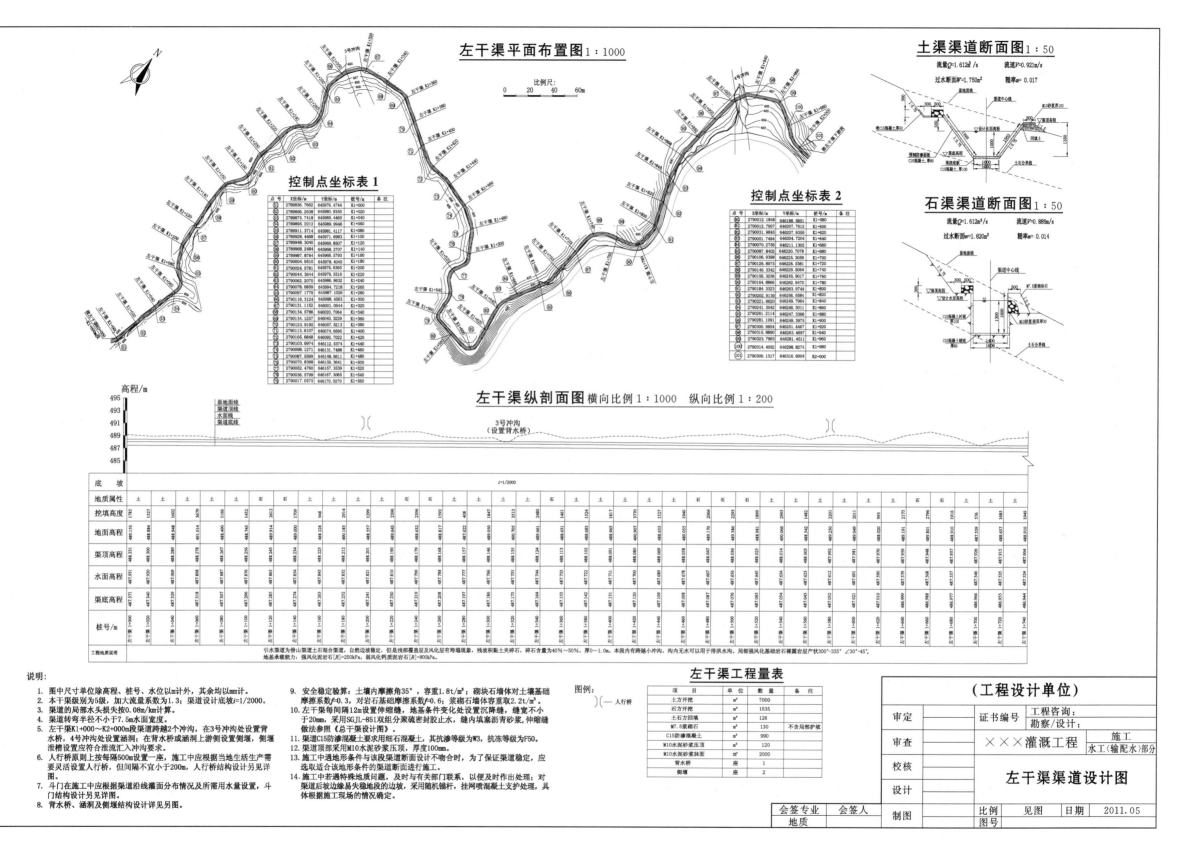

图 2.1 左干渠设计图

1. 概括了解

图 2.1 为渠道设计图，该图纸主要由平面图、纵剖面图、断面图、控制点坐标表、工程量统计表、说明及图例等组成。从标题栏和图样上的说明中了解建筑物的名称、绘图比例、尺寸单位等内容。该渠道为左干渠的中间部分。渠道沿线地质情况为土、石间隔出现，相应的渠道采取了不同断面形式。渠道沿线跨越两个冲沟，分别采用背水桥、涵洞通过。

2. 深入阅读

(1) 平面布置图。

1) 渠道中心线。中心线的线性一般为点划线，图中可以找到一条中心线，贯穿整个平面图。因渠道结构较为简单，中心线就一条，故图纸中不再用文字标示。

2) 渠道桩号。在中心线上有实心圆点，每个圆点均引出一直线，写有"左干渠 K1+000"和"左干渠 K1+040"等字样，用以表示渠道的桩号，可以据此计算出两桩号间渠道长为 1+040-1+000=40(m)，同时也可知道本图渠道总长，等于最后桩号与最前桩号之差，即 2+000-1+000=1000.0(m)。

3) 控制点。中心线上各圆点向下引出直线，并标有"⑤1""⑤4""⑨9"等，即表示渠道的各个控制点，其中 51 代表渠道控制点的编号，本图编号从 51 到 101，共计 51 个控制点。

4) 等高线。渠道设计图在地形图基础上绘制，一般沿着等高线布置，平面图中标有"483""484""485"等字样，且文字在线的上方，表示该线的高程分别为 483m、484m、485m，且从中可知，两等高线之间的高差为 1m。

(2) 纵剖面图。

1) 高程标尺。纵断面图左侧布置一黑白相间的垂直杆子，上面标有"485""487""489"等，旁边还有"高程/m"字样，即为高程标尺。一般为剖切纵断面时自动生成，可一边布置（图 2.1），也可两边布置。主要用作量算、校核各桩号处渠道各组成部分的高程。

2) 渠道各组成部分的高程线。高程标尺右侧，表格的上面，整个纵剖面图水平方向有四条线，并有引出标注为"原地面线""渠道顶线""水面线"和"渠道底线"，代表图中四条线，从上至下分别为原地面线、渠道顶线、水面线和渠道底线。

3) 渠道详细参数表。纵剖面图中列出一张表格，按桩号分别统计渠道的底坡、地质属性、挖填高度、地面高程、渠顶高程、水面高程、渠底高程及桩号和地质说明。其中：①底坡，本图渠道全长均取一个底坡，即 1/2000；②地质属性，不同桩号之间有土、石之分，不同的地质条件，渠道形式不同；③挖填高度，表中有"1785""1527"等数据，代表该桩号处渠道挖方高度为 1785mm、1527mm；④地面高程、渠顶高程、水面高程、渠底高程分别表示该桩号处对应的高程。上述四个参数的具体数据，可以用以确定渠道水深、渠道高度及挖填高度等。

(3) 断面图。

1) 一般属性。图 2.1 按地质情况分土渠和石渠两个断面图，渠道断面图标题下，分别列举了渠道的水力学基本参数，如流量、流速、过水断面及糙率，方便校对。原地面线及土石分界线，用以区分土方开挖、石方开挖，在开挖断面内的地面线，用虚线表示。

2) 横断面形状、底宽、水深和边坡坡比。从断面图中可知，土渠、石渠横断面形状分别为梯形、矩形，底宽分别为 1000mm 及 1400mm，土渠、石渠水深分别为 1000mm 和 1300mm。土方渠道边坡坡比为 1：0.75，石渠为垂直边坡。土渠、石渠的开挖边坡均为 1：0.75。

3) 衬砌。土渠、石渠均采用混凝土衬砌，但土渠两侧衬砌采用的是 C15 预制防渗面板，而其底板及石渠的两侧、底部衬砌均采用现浇混凝土。衬砌的尺寸，土渠两侧、底板衬砌分别为 80mm、100mm，石渠两侧、底板衬砌分别为 100mm、80mm。

4) 渠道排水沟。雨季用以排泄山洪，防止外水进入渠道。排水沟布置在渠道左边、开挖边坡靠山侧，利用开挖放坡及专门的浆砌石衬砌（宽 0.5m），形成排水沟尺寸为 300mm×300mm。

5) 渠道护坡、人行设施。在石渠断面图右侧，修筑 M7.5 浆砌石护坡兼做渠道衬砌，迎水面采用 M10 砂浆抹面，上顶宽为 0.5m，护坡用以增加石渠的稳定性。同时，利用石渠护坡及土渠厚 100mm 的 M10 砂浆压顶作为渠道外侧人行设施，渠道内侧利用修筑排水沟时的浆砌石衬砌（宽 0.5m）作为人行设施。

(4) 控制点坐标表。平面图下方，左右两侧各绘制一张控制点坐标表，表中"⑤1""⑨9"等为控制点编号，"K1+000"和"K1+960"代表该处的桩号，注意表中控制点编号、桩号等需与平面布置图和纵剖面图中数据保持一致。表中"2789836.7662""645976.4744""K1+000"等数据为桩号 K1+000 处的 X、Y 坐标值，用以确定控制点具体位置。

(5) 工程量统计表、说明及图例。

1) 工程量统计表。布置在渠道设计图的右下角，用以统计渠道开挖、衬砌、抹面等工程量。主要项目有土、石方开挖，土石方回填，M7.5 浆砌石，C15 防渗混凝土，M10 水泥砂浆压顶，M10 水泥砂浆抹面，背水桥和侧堰。工程量的单位一般为 m³ 及自然单位"座"，但 M10 水泥砂浆抹面例外，单位为 m²。

2) 说明及图例。布置在渠道图的底部，左、中位置，主要描述图纸中未反映或者表示不清楚的部分以及需要统一说明的情况。图 2.1 说明较多，包括图中尺寸单位、渠道的级别、加大系数，水头损失、防渗、分缝及止水，人行桥、背水桥的设置，施工需注意的特殊情况。渠道设计图的图例就一个，即人行桥，其在纵剖面图中也有示意。

3. 综合整理

通过对相关图纸的仔细阅读和分析，将渠道设计图各部分的内容综合整理，渠道的主要信息整理如下：

(1) 渠道桩号从"左干渠 K1+000"至"左干渠 K2+000"，总长为 1000m。

(2) 渠道流量为 1.612m³/s，底坡为 1/2000，采用混凝土衬砌。

(3) 土渠为梯形断面，底宽度为 1.00m，高度为 1.35m，边坡 1：0.75，设计水深 1.00m。

(4) 石渠为矩形断面，底宽度为 1.40m，高度为 1.60m，设计水深 1.30m。

(5) 渠道两侧分别设有宽 0.50m 的人行设施，靠山侧设置 0.30m×0.30m 的渠道排水沟。

(6) 渠道沿线设计背水桥 1 座，涵洞 1 座，人行桥 2 座。

（7）渠道的工程量主要包括土、石方开挖，土石方回填，M7.5 浆砌石，C15 防渗混凝土，M10 水泥砂浆压顶，M10 水泥砂浆抹面、背水桥和侧堰。

任务 2.2　溢洪道认识及图纸识读

2.2.1　溢洪道的认识

溢洪道属于泄水建筑物，是水库枢纽中的主要泄洪建筑。当水库中出现库容不能容纳的洪水时，为了防止洪水漫过坝顶，保证工程安全，就需要溢洪道泄洪。

2.2.1.1　溢洪道的分类

1. 按泄洪标准和运用情况分

（1）正常溢洪道。正常溢洪道用于宣泄设计洪水，运用机会较多，按其结构又分为：

1）正槽溢洪道（图 2.2）：正槽溢洪道泄槽轴线与溢流堰轴线正交或近似正交，过堰下泄水流流向与泄槽轴线一致或近似一致，是开敞式的。

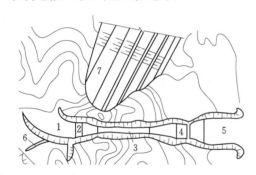

图 2.2　正槽式溢洪道
1—引水渠；2—溢流堰；3—泄槽；4—消力池；5—泄水渠；6—非常溢洪道；7—土石坝

2）侧槽溢洪道（图 2.3）：溢流堰大致沿等高线布置，泄槽轴线与溢流堰轴线平行或近似正平行，水流从溢流堰泄入与堰轴线大致平行的侧槽后，流向有 90°的急转弯，是开敞式的。

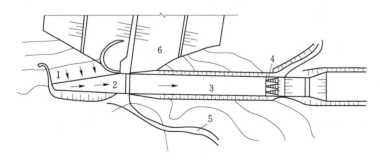

图 2.3　侧槽溢洪道
1—溢流堰；2—侧槽；3—泄水槽；4—出口消能段；5—上坝公路；6—土石坝

3）井式溢洪道（图 2.4）：洪水流过喇叭口环形溢流堰，经竖井和隧洞泄入下游，它由进水喇叭口、渐变段、竖井和泄水隧洞等部分组成，是封闭式的。

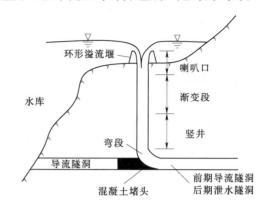

图 2.4　井式溢洪道

4）虹吸溢洪道（图 2.5）：利用虹吸作用泄水，在水库正常高水位以上设有通气孔，当上游水位超过正常高水位时，淹没通气孔，水流溢过曲管顶部并经挑流坎的挑流作用，形成水帘封闭曲管的上部，曲管内的空气逐渐被水流带走达到真空后，虹吸作用发生而自动泄水。当水库水位下降至通气孔以下时，由于进入空气，虹吸作用便自动停止，是封闭式的。它不用闸门，自动调节上游水位。贵州省贵阳市花溪水库采用虹吸溢洪道和正槽溢洪道两种形式，利用虹吸溢洪道代替一部分需要安设闸门的正槽溢洪道控制库内水位，并节省了闸门和启闭机。

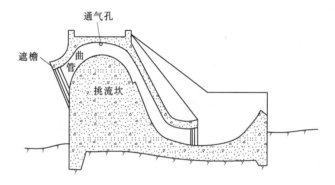

图 2.5　虹吸溢洪道

（2）非常溢洪道。非常溢洪道用于宣泄非常洪水（特大洪水），在新建或加固的大、中型水库和重要的小型水库中，除平时运用的正常溢洪道之外，还建有非常溢洪道。它仅在发生特大洪水时，正常溢洪道宣泄不及致使水库水位将要漫顶时才启用。这种溢洪道的特点是使用几率少，但要求运用灵活可靠。按其结构又主要分为：

1）漫流式非常溢洪道：这种溢洪道与正槽溢洪道类似，将堰顶建在开始溢洪的水位附近，而且自由漫流。如大伙房水库为了宣泄特大洪水，1977 年增加了一条长达 150m 的漫流式非常溢洪道。

2）自溃式非常溢洪道：这种溢洪道是在非常溢洪道的底板上加设自溃堤，平时可以挡水，出现特大洪水时，水位达到一定高程自行溃决开始泄洪。按溃决方式可分为溢流自溃

（图2.6）和引冲自溃（图2.7）两种形式。

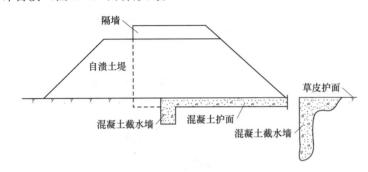

图2.6 漫顶自溃式非常溢洪道

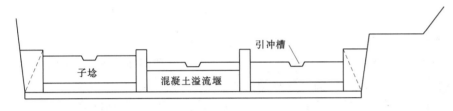

图2.7 漫顶引冲式非常溢洪道

3）爆破式引溃式非常溢洪道（图2.8）：这种溢洪道是出现特大洪水、需要使用非常溢洪道时，引爆预埋在内部的炸药，使非常溢洪道的坝体挡水土垱形成一定尺寸的爆破漏斗，从而形成引冲槽，使其在短时间内迅速溃决，从而开始泄洪。

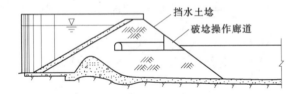

图2.8 爆破式引溃式非常溢洪道

2. 按水流条件分

（1）开敞式溢洪道。开敞式溢洪道进水口是露天的，其后的泄水道也是露天的，在泄洪过程中，水流流程是完全敞开的，水流是具有自由表面的无压水流。由于正槽溢洪道和侧槽溢洪道的整个流程是完全开敞的，故为开敞式溢洪道。

（2）封闭式溢洪道。井式溢洪道和虹吸式溢洪道为封闭式溢洪道。封闭式溢洪道泄水道是封闭的，其流量较小，而且容易产生空蚀破坏，所以工程中运用不多。

2.2.1.2 溢洪道的构造及作用

在工程实践过程中以正槽式溢洪道最常见，故以下内容以正槽式溢洪道来讲解。

1. 引水渠

引水渠在平面上最好布置成直线，进口做成喇叭形进口使水流逐渐收缩，末端接近溢流堰处应作渐变段，不影响泄水能力。引水渠横断面的形状，在岩石基础上采用矩形，土基础

上采用梯形。

引水渠的作用是平顺地将洪水从水库引向控制段。

2. 溢流堰（控制段）

溢流堰要有足够的泄水能力，其常用型式有以下几种：

（1）宽顶堰（图2.9）。结构简单，施工方便。宽顶堰的堰顶高程可高于引水渠底（有坎宽顶堰），也可与渠底齐平（无坎宽顶堰）。

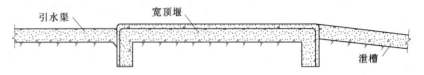

图2.9 宽顶堰

（2）实用堰（图2.10）。溢洪道上的实用堰经常采用的有WES曲线，实用堰常用反弧曲面与泄槽底相连接。

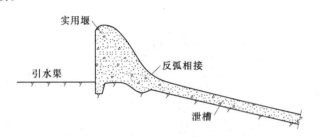

图2.10 实用堰

（3）驼峰堰（图2.11）。由几个半径不同的圆弧组成的复合型低堰，施工简单，对地基要求低，适用于地基较差（如软弱地基）的情况。

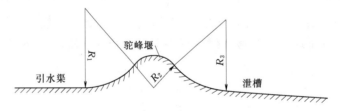

图2.11 驼峰堰

控制段的作用是控制下泄洪水的流量。

3. 泄槽

泄槽的横剖面为矩形或接近矩形，泄槽的作用是快速地下泄洪水。

4. 消能设施

河岸式溢洪道一般采用挑流消能或底流消能。

挑流消能挑坎下游常做一段护坦，以防止水流时产生贴流而冲刷齿墙底脚。底流消能一般适用于土基或破碎软弱的岩基上，其原理和布置与水闸基本相同。

消能设施的作用是消除下泄洪水多余能量，防止对下游的冲刷和破坏。

5. 出水渠

出水渠轴线方向应尽量顺应河势，利用天然冲沟或河沟，必要时适当调整。出水渠的底坡尽量接近原河道的平均坡度。

出水渠的作用是将下泄洪水平顺地引向下游原河道。

2.2.2 溢洪道图纸识读

先识读溢洪道平面布置图，再识读纵剖面图、横剖面图、大样图等。遵循先整体后局部、先看主要结构再看次要结构、先粗后细逐步深入的原则，一般把读图先后顺序正确把握后，往往还需要多个图相互对照识读，才能正确且全面地把握整个工程情况。

1. 概括了解

从标题栏、工程特性表和图样上的说明中，了解溢洪道的型式、组成部分、作用、尺寸单位、绘图比例等内容，分析各视图剖面的剖切位置、投影方向、详图的索引部位和名称等。

2. 深入阅读

概括了解之后，需进一步仔细阅读，了解每个图所表达的主要内容，根据这些内容进行形体分析，读懂溢洪道的形状、构造、尺寸、材料等内容。

3. 综合整理

通过对平面图、纵剖面图、横剖面图、大样图等的识读，总结归纳，综合整理，对溢洪道的型式、组成部分、尺寸、形状、位置、结构、材料、作用等有一个全面清晰的了解。

【案例 2.2】 贵州省某工程正槽式溢洪道设计图识读。

工程概况：A 水库建设工程位于贵州省仁怀市长岗镇××村境内，五马河支流两岔河上游，工程解决 1.8 万亩灌溉兼 5601 人农村饮水，引用流量 0.225m³/s。坝址上游流域面积 2.9km²，多年平均径流量 131 万 m³，水库库容 154 万 m³，校核洪水位 1139.11m，设计洪水位 1137.00m，正常蓄水位 1137.00m，正常蓄水位库容 127 万 m³，死库容 13.0 万 m³，兴利库容 117 万 m³，库容系数 50%，具备多年调节性能。工程大坝采用混凝土面板堆石坝，坝顶高程 1139.50m，最大坝高 34.5m，坝顶长 110.50m，坝顶宽 7.5m，最大坝底宽 96.16m，上游坝坡 1：1.4，下游坝坡 1：1.3。工程采用正槽式溢洪道泄洪（WES 曲线），溢洪道总长 150.94m，溢流堰宽 10m，堰顶高程 1137.00m，最大下泄流量 56.9m³/s。放水兼放空有压隧洞长 100m，其进口底板高程 1116.50m。

1. 概括了解

该套图纸由正槽式溢洪道平面布置图（图 2.12）、纵剖面图（图 2.13）、溢洪道横剖面图、大样图（图 2.14）组成，从标题栏和图样上的说明中了解建筑物的名称、绘图比例、尺寸单位等内容。由泄槽轴线与溢流堰轴线的关系可知，该溢洪道为正槽式开敞溢洪道，由引水渠、溢流堰、泄槽、消力池、出水渠组成。同时在溢洪道纵剖面图中标明了各个横剖面的剖切位置以及桩号、高程、沿线地质情况等，在横剖面图中标明溢洪道各个剖切位置的高程、形状、构造、尺寸、材料等。底板横向缝大样图标明底板横向缝处的形状、构造、尺寸、材料等。

2. 深入阅读

（1）正槽式溢洪道平面布置图（图 2.12）识读。从图纸中找出中心线，识读地形图，了解地形，识读溢洪道在平面上有哪些组成部分及各部分构造、形状、尺寸和桩号等。

从该溢洪道平面布置图中可以得到以下信息：

1）该图纸标明比例为 1：500，即把实物缩小 500 倍后绘制于图纸上，溢洪道修建于山体边坡上，由上游到下游逐渐降低。

2）溢洪道由引水渠、溢流堰、泄槽、消力池和出水渠组成。

3）泄槽轴线与溢流堰轴线正交，为正槽式开敞溢洪道。

4）引水渠为喇叭进口，以溢流堰起点桩号溢 0＋000.00 为基准，引水渠轴线起点桩号为溢 0－015.00，所以引水渠轴线起点距离溢流堰起点的水平长度为 0－（－15）＝15(m)。

5）溢流堰未设置闸门及启闭设备。溢流堰起点桩号溢 0＋000.00 至溢流堰终点桩号溢 0＋003.94，长度为 3.94m。

6）引水渠喇叭末端至溢 0＋015.94，此段溢洪道等宽为 10m。

7）泄槽起点为溢 0＋003.94，终点为溢 0＋095.94，长度 92m。其中泄槽从溢 0＋015.94 至溢 0＋035.94，出现泄槽收缩，收缩段长度 20m，泄槽宽从 10m 收缩成 6m。

8）从溢 0＋095.94 至溢 0＋110.94 为消力池，长度为 15m，宽度和泄槽同宽为 6m。

9）从溢 0＋110.94 至溢 0＋135.94 为出水渠，长度为 25m。

10）大坝坝顶宽度为 5.0m，每隔 8m 设置一 "A" 形垂直缝，上游坝坡为 1：1.4，下游坝坡为 1：1.3。

（2）正槽式溢洪道纵剖面图（图 2.13）识读。识读溢洪道组成部分，结合高程标尺，可以判断溢洪道各个部分及原地面线、水面线等高程；识读特征高程和溢洪道走向及溢洪道每个段的桩号、坡度、具体详图高程、底板高程、底宽、桩号、建筑材料、构造和尺寸等信息；识读其沿线的地质构造。

从该溢洪道沿轴线剖面图中可以得到以下信息：

1）比例为 1：500，溢洪道由上游到下游逐渐降低。

2）高程标尺为 1100～1150m，从中判断溢洪道各个部分及原地面线的高程。

3）特征水位高程及其他高程，校核洪水位高程 1139.11m，正常蓄水位高程 1137.00m，引水渠底板高程 1135.00m，溢流堰顶高程 1137.00m，溢流堰底部高程 1133.50m，工作桥高程 1139.50m，消力池底板高程 1108.50m，消力池边墙高程 1113.00m，下游频率 $P＝0.2\%$ 的校核洪水位为 1111.12m。

4）溢洪道由引水渠、溢流堰、泄槽、消力池组成，溢洪道的走向为 S53°E，溢洪道的沿线地质情况，引水渠的底坡为 $i＝0.000$（水平），泄槽的底坡为 $i＝0.267$，消力池的底坡为 $i＝0.000$（水平）。

5）引水渠底板采用 C25 的混凝土。

6）为了防渗，溢流堰的底部地基采用帷幕灌浆。

7）溢流堰高度为 1137.00－1133.50＝3.5(m)，其下游设置了一工作桥，过工作桥后的边墙与泄槽边墙采用阶梯状连接过渡。

8）文字说明部分标明溢洪道底板和边墙有分缝、止水、填缝等构造措施。还标明了在泄槽段的横缝下设置了 300mm×300mm 的横向排水盲沟，纵缝下设置了 400mm×400mm 的纵向排水盲沟，同时也标明了泄槽段为了保持其底板的稳定性设置了直径为 25mm 的 Ⅱ 级钢筋锚杆，每根长度和间排距均为 3m。

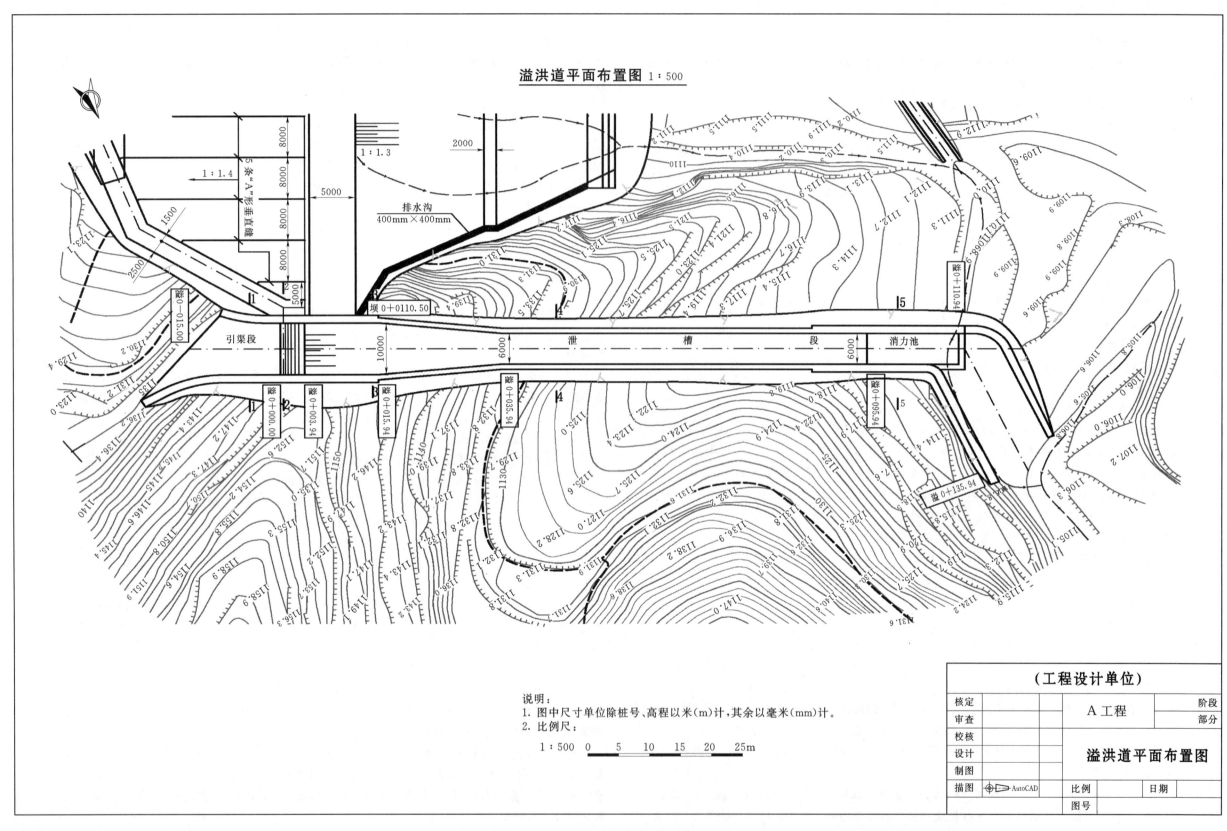

图 2.12　溢洪道平面布置图

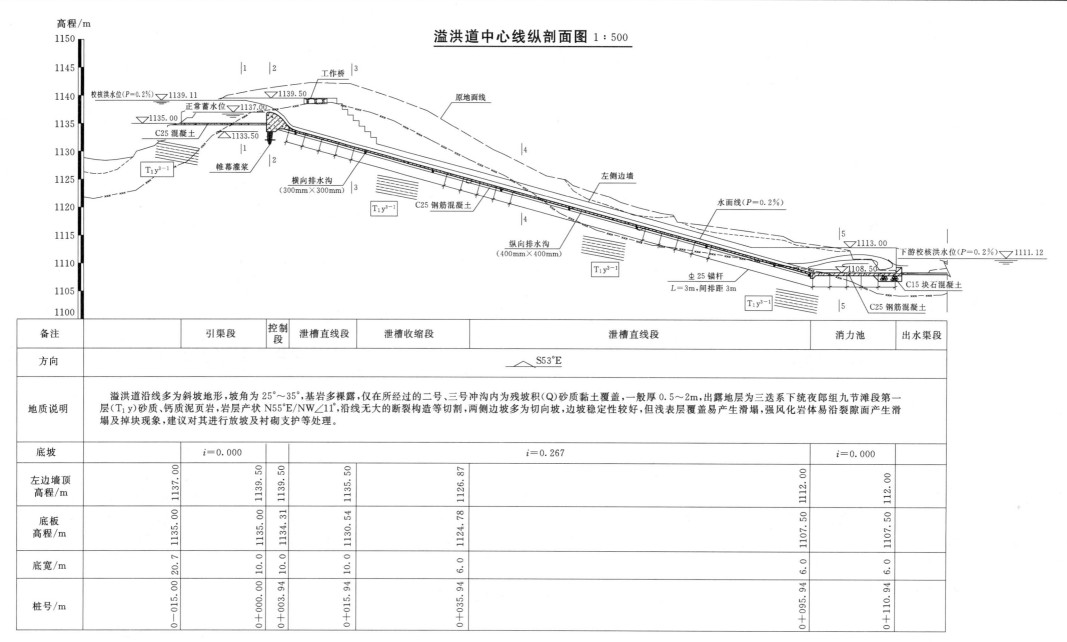

溢洪道中心线纵剖面图 1:500

备注	引渠段	控制段	泄槽直线段	泄槽收缩段	泄槽直线段	消力池	出水渠段
方向				△S53°E			
地质说明	溢洪道沿线多为斜坡地形，坡角为25°～35°，基岩多裸露，仅在所经过的二号、三号冲沟内为残坡积(Q)砂质黏土覆盖，一般厚0.5～2m，出露地层为三迭系下统夜郎组九节滩段第一层(T_1y)砂质、钙质泥页岩，岩层产状 N55°E/NW∠11°，沿线无大的断裂构造等切割，两侧边坡多为切向坡，边坡稳定性较好，但浅表层覆盖易产生滑塌，强风化岩体易沿裂隙面产生滑塌及掉块现象，建议对其进行放坡及衬砌支护等处理。						
底坡	$i=0.000$			$i=0.267$			$i=0.000$
左边墙顶高程/m	1137.00	1139.50	1139.50	1135.50	1126.87	1112.00	112.00
底板高程/m	1135.00	1135.00	1134.31	1130.54	1124.78	1107.50	1107.50
底宽/m	20.7	10.0	10.0	10.0	6.0	6.0	6.0
桩号/m	0−015.00	0+000.00	0+003.94	0+015.94	0+035.94	0+095.94	0+110.94

1. 图中尺寸单位除桩号、高程以米(m)计，其余尺寸均以毫米(mm)计。
2. 溢洪道底板和侧墙分缝，每隔10～15m或变坡处分别设一道横向缝、沿底板中线设置一条纵缝，横、纵缝均需作橡胶止水和沥青砂浆填缝，并在横、纵缝底板基础处分别设排水盲沟。

3. 比例尺：

1:500　0　5　10　15　20　25m

1:200　0　2　4　6　8　10m

（工程设计单位）

核定		A 工程	阶段
审查			部分
校核			
设计		**溢洪道纵剖面图**	
制图			
描图	◈─AutoCAD	比例	日期
		图号	

图 2.13　溢洪道纵剖面图

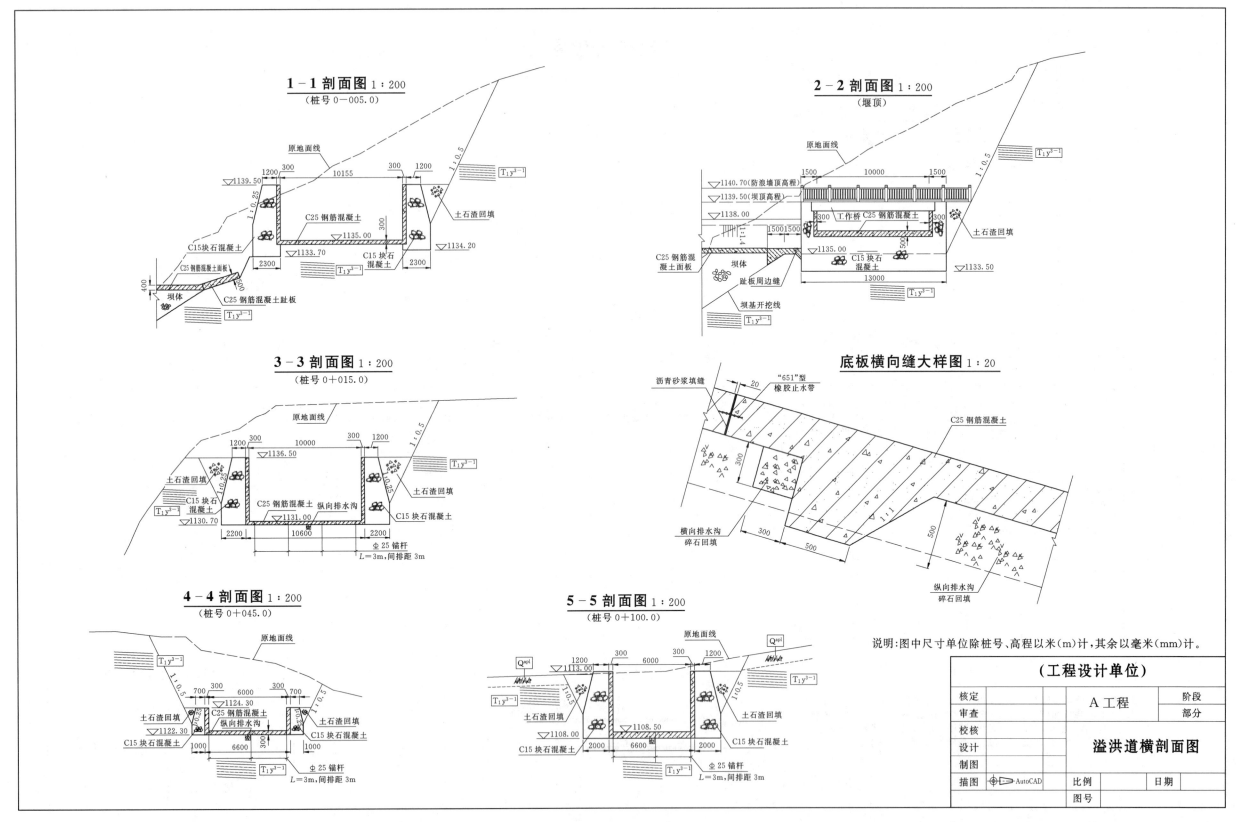

图 2.14　溢洪道横剖面图及大样图

9）消力池采用的是 C25 钢筋混凝土，和泄槽底板一样设置锚杆，同时在消力池末端设置了 C15 块石混凝土防冲槽。

（3）正槽式溢洪道横剖面图、大样图（图 2.14）识读。识读剖面图时先在平面图和纵剖面图上找到剖切位置。识读溢洪道横剖面图中各组成部分、坡度、建筑材料、构造、尺寸、原地面线（虚线）、水面线、剖切处的地质构造等信息。识读大样图关键是要在其他图样中找到对应的编号。

从该溢洪道各个横剖面图及大样图中可以得到以下信息：

1）1-1 剖面图比例为 1:200，剖切位置在溢 0-005.00 处，位于引水渠段。图中表达原地面线（虚线）的地形情况。引水渠边墙采用 C15 块石混凝土，底部宽 2.3m，顶部宽 1.2m，采用 1:0.25 的坡度从顶部到底部逐渐变宽。引水渠边墙左右岸顶部高程均为 1139.50m，左岸底部高程为 1133.70m，右岸底部高程为 1134.20m，故左岸边墙高度为 1139.50-1133.70=5.80(m)，右岸边墙高度为 1139.50-1134.20=5.30(m)。引水渠采用 C25 钢筋混凝土衬砌，两岸及底部均厚 300mm，衬砌底部高程为 1135.00m，故引水渠净高度为 1139.50-1135.00=4.50(m)，净宽 10.155m。引水渠右岸山体边坡开挖成 1:0.5 的坡度，开挖后与右岸边墙之间采用土石渣回填密实。图中还表明了上游坝面采用 C25 的钢筋混凝土防渗面板，厚 400mm，在坝体与右岸坝坡的结合处采用 C25 钢筋混凝土趾板，厚 500mm。

2）2-2 剖面图比例为 1:200，剖切位置在溢流堰堰顶处，位于控制段。图中表达原地面线（虚线）的地形情况。溢流堰及边墙建筑材料为 C15 块石混凝土，左右岸边墙连同衬砌（C25 钢筋混凝土）宽 1.5m，其中左右岸衬砌均厚 300mm，底部衬砌 500mm，在边墙上还设置了工作桥，溢流堰净孔宽 10m。溢流堰与引水渠交接处的高程为 1135.00m，溢流堰底部高程为 1133.50m。溢流堰右岸山体边坡开挖成 1:0.5 的坡度，开挖后与右岸边墙之间采用土石渣回填密实。图中还表达了坝顶防浪墙高程为 1140.70m，坝顶高程为 1139.50m，上游坝面采用 C25 钢筋混凝土防渗面板，在坝体与右岸坝坡的结合处采用 C25 钢筋混凝土趾板，同时标明了坝基开挖的轮廓线。

3）3-3 剖面图比例为 1:200，剖切位置在溢 0+015.00 处，位于泄槽收缩段之前。图中表达原地面线（虚线）的地形情况。泄槽边墙采用 C15 块石混凝土，底部宽 2.2m，顶部宽 1.2m，采用 1:0.25 的坡度从顶部到底部逐渐变宽。泄槽边墙顶部高程均为 1136.50m，底部高程为 1130.70m，故边墙高度均为 1136.50-1130.70=5.80(m)。泄槽采用 C25 的钢筋混凝土衬砌，两岸及底部均厚 300mm，衬砌底部高程为 1131.00，故泄槽净高度为 1136.50-1131.00=5.50(m)，净宽 10m。泄槽右岸山体边坡开挖成 1:0.5 的坡度，开挖后与左右岸边墙之间采用土石渣回填密实。在泄槽底部设置了纵向排水盲沟，底板设置了直径为 25mm 的 Ⅱ级钢筋锚杆，每根长度和间排距均为 3m。

4）4-4 剖面图比例为 1:200，剖切位置在溢 0+045.00 处，位于收缩后的泄槽段。图中表达原地面线（虚线）的地形情况。泄槽边墙采用 C15 块石混凝土，底部宽 1m，顶部宽 0.7m。顶部高程均为 1124.30m，底部高程为 1122.30m，故边墙高度为 1124.30-1122.30=2.00(m)。泄槽采用 C25 钢筋混凝土衬砌，两岸及底部均厚 300mm，衬砌底部高程为 1122.60m，故泄槽净高度为 1124.30-1122.60=1.70(m)，净宽 6m。泄槽左右岸山体边

坡开挖成 1:0.5 的坡度，开挖后与左右岸边墙之间采用土石渣回填密实。泄槽底部还设置了纵向排水盲沟，底板设置了直径为 25mm 的 Ⅱ级钢筋锚杆，每根长度和间排距均为 3m。

5）5-5 剖面图比例为 1:200，剖切位置在溢 0+100.00 处，位于消力池段。图上表达原地面线（虚线）的地形情况。消力池边墙采用 C15 块石混凝土，边墙底部宽 2m，顶部宽 1.2m。消力池边墙顶部高程均为 1113.00m，底部高程为 1108.00m，故边墙高度均为 1113.00-1108.00=5.00(m)。消力池采用 C25 钢筋混凝土衬砌，两岸均厚 300mm，衬砌底部高程为 1108.50m，故消力池底部衬砌厚 1108.50-1108.00=0.50(m)，净高度为 1130.00-1108.50=4.50(m)，净宽为 6m。消力池左右岸山体边坡开挖成 1:0.5 的坡度，开挖后与左右岸边墙之间采用土石渣回填密实。在消力池底部还设置了纵向排水盲沟，底板设置了直径为 25mm 的 Ⅱ级钢筋锚杆，每根长度和间排距均为 3m。

6）底板横向缝大样图比例为 1:20。表达了泄槽底板采用 C25 钢筋混凝土衬砌。横缝缝宽 20mm，其间用"651"型橡胶止水带防渗漏，采用沥青砂浆填缝。底板下部排水采用横、纵向排水盲沟，且碎石回填。在底板下部设置底宽为 500mm、坡度为 1:1 的齿槽。

3. 综合整理

通过对图纸的深入阅读和分析，将各部分的内容综合整理，读出该溢洪道设计图的主要内容。

该溢洪道是正槽式溢洪道，且属于开敞式溢洪道，溢洪道的走向为 S53°E，由引水渠、溢流堰、泄槽、消力池、出水渠组成。引水渠采用喇叭进口，为矩形断面，引水渠底坡为 $i=0.000$（水平），底部高程为 1135.00，净高度为 4.50m，引水渠轴线起点距离溢流堰起点的水平长度为 15m。引水渠边墙采用 C15 块石混凝土，底部宽 2.3m，顶部宽 1.2m，采用 1:0.25 的坡度的从顶部到底部逐渐变宽，边墙左岸高度为 5.80m，边墙右岸高度为 5.30m。引水渠采用 C25 钢筋混凝土衬砌，两岸及底部均厚 300mm。引水渠右岸山体边坡开挖成 1:0.5 的坡度，开挖后与右岸边墙之间采用土石渣回填密实。

溢流堰为实用堰，溢流堰顶高程为 1137.00m，溢流堰底部高程为 1133.50m，溢流堰高度为 3.5m，溢流堰净孔宽 10m，溢流堰纵向水平长度为 3.94m，底部采用帷幕灌浆防渗。溢流堰采用 C25 钢筋混凝土衬砌，边墙采用 C15 块石混凝土衬砌后再浇筑 30cm 厚的 C25 钢筋混凝土，各岸边墙连同衬砌（C25 钢筋混凝土）宽 1.5m，其中左右岸衬砌均厚 300mm，底部衬砌 500mm。在边墙上还设置了高程为 1139.50m 的工作桥，过工作桥后的边墙与泄槽边墙采用阶梯状连接过渡。

泄槽为矩形断面，泄槽的底坡为 $i=0.267$，泄槽净高度为 5.50m，净宽为 10m，水平长度为 92m（其中泄槽从溢 0+015.94 开始到溢 0+035.94，出现泄槽收缩，收缩段水平长度为 20m，从 10m 收缩成 6m）。边墙采用 C15 块石混凝土，边墙底部宽 2.2m，顶部宽 1.2m，采用 1:0.25 的坡度从顶部到底部逐渐变宽，左右岸墙高度均为 5.80m。泄槽采用 C25 钢筋混凝土衬砌，两岸及底部均厚 300mm，泄槽右岸山体边坡开挖成 1:0.5 的坡度，开挖后与左右岸边墙之间采用土石渣回填密实。泄槽底板横缝缝宽 20mm，其间用"651"型橡胶止水带防渗漏，采用沥青砂浆填缝，底板横缝下设置了 300mm×300mm 的横向排水盲沟，纵缝下设置了 400mm×400mm 的纵向排水盲沟且碎石回填。在底板横缝下部设置底宽为 500mm、坡度为 1:1 的齿槽。泄槽底板设置了直径为 25mm 的 Ⅱ级钢筋锚杆，每根长度和

间排距均为3m。

消力池为矩形断面，底坡 $i=0.000$（水平），底板高程为1108.50m，净高度为4.50m，净宽为6m，其水平长度为15m。边墙采用C15块石混凝土，消力池边墙底部宽2m，顶部宽1.2m，左右岸边墙高度均为5.00m。消力池采用C25钢筋混凝土衬砌，两岸均厚300mm，消力池左右岸山体边坡开挖成 $1:0.5$ 的坡度，开挖后与左右岸边墙之间采用土石渣回填密实。在消力池底部还设置了400mm×400mm纵向排水盲沟，消力池底板设置了直径为25mm的II级钢筋锚杆，每根长度和间排距均为3m。消力池后紧接出水渠，其水平长度为25m。

任务2.3 渡槽认识及图纸识读

2.3.1 渡槽的认识

渡槽是渠道跨越山谷、河流、道路时广泛采用的架空输水建筑物及交叉建筑物，主要作用是输送水流，根据水利工程的不同需求，渡槽还可以用于排洪、排沙、导流和通航。渡槽作为渠系主要建筑物，相对于渠道，其结构复杂、造价高、施工难度大。

2.3.1.1 渡槽的类型

按照不同的分类原则，渡槽可分为许多种类，工程上常见的分类方法如下：

（1）按槽身断面分类：渡槽可分为U形、矩形、梯形、椭圆形和圆形五类。其中U形断面、矩形断面在工程上最为常见，一般大流量渡槽多采用矩形断面，中小流量可采用矩形断面及U形断面。

（2）按支撑结构分类：渡槽可分为梁式、拱式、桁架式、悬吊式、斜拉式五类，其中梁式和拱式渡槽在工程中最常见。梁式渡槽按其具体支撑结构又分为槽墩式和排架式。

（3）按所用材料分类：渡槽可分为木质渡槽、砖石渡槽、混凝土渡槽、钢筋混凝土渡槽四类，目前工程实际应用中，常采用混凝土渡槽、钢筋混凝土渡槽。

（4）按施工方法分类：渡槽可分为现浇整体式、预制装配式、预应力三类。

2.3.1.2 渡槽的构造及作用

渡槽的槽身基本断面为U形、矩形，主要由进、出口建筑物、槽身、支撑结构、基础、拉杆及人行道板等部分组成。

（1）进、出口建筑物。主要作用是使水流平顺的进入、流出渡槽，一般设有渐变段。

（2）槽身。主要作用是输送水流，一般为U形、矩形，设有分缝、止水及支座等细部结构。

（3）支撑结构。主要作用是承受渡槽槽中水重及槽身自重，有梁式、拱式、桁架式、悬吊式、斜拉式几种形式。

（4）基础。主要作用是承担支撑结构的荷载，并最终传给地基。

（5）拉杆及人行道板。拉杆主要是增加渡槽槽身刚度。人行道板一般在设有拉杆的渡槽铺设，主要是方便群众出行。

2.3.2 渡槽图纸识读

渡槽设计图一般由平面布置图、纵剖面图、结构图、断面图、剖面图等组成，识读顺序

一般是先整体后局部、先看主要结构再看次要结构、先粗后细逐步深入。下面以贵州省水利工程中常见的渡槽为案例，识读渡槽设计图等。

1. 概括了解

从标题栏、工程特性表和图样上的说明中，了解建筑物的名称、作用、尺寸单位、绘图比例等内容。

分析枢纽中建筑物各部分采用了哪些表达方法，分析各视图的视向，剖视、断面的剖切位置，投影方向，详图的索引部位和名称。

2. 深入阅读

概括了解之后，需进一步仔细阅读，了解每个图所表达的主要内容，根据这些内容进行形体分析，读懂建筑物的形状、构造、尺寸、材料等内容。

3. 综合整理

通过对平面图、纵断面图、剖面图等识读，总结归纳，综合整理，对各建筑物的大小、形状、位置、结构、材料、功能有一个完整、清晰的了解。

【案例2.3】 贵州省×××灌溉工程渡槽设计图识读。

工程概况：该渡槽为梁式渡槽，采用排架支撑，总长255m（不含进出口），渡槽底坡为1/1750，为混凝土渡槽，断面形式为U形。渡槽设计流量为16.297m³/s，加大流量为19.324m³/s。渡槽进出口采用毛石混凝土边墩，中间采用排架支撑。一共16个排架，其中3个排架采用板式整体式基础，基础底板进入强风化层中；另外13个排架采用人工挖孔桩基础，并采用扩底桩，将强风化层作为桩基的持力层。

1. 概括了解

本套渡槽设计图共两张，分别为图2.15、图2.16，其中图2.15为主要布置渡槽平面图、渡槽纵断面图、控制点坐标表、工程量表和排架结构尺寸表。图2.16为主要布置进口平面图、进口纵断面图、出口平面图、出口纵断面图、人工挖孔桩排架剖面图、板式基础排架结构图、上游渐变段进、出口剖视图和下游渐变段进、出口剖视图和槽身剖面图。从图纸标题栏和图样上的说明中了解建筑物的名称、绘图比例、尺寸单位等内容。

2. 深入阅读

从整套渡槽图纸组成来看，图2.15主要表达渡槽的总体布置、渡槽的形式、渡槽组成、支撑形式等宏观信息，如渡槽总平面、纵断面布置，支撑形式及个数、地质条件、控制点坐标、工程量表和排架结构尺寸表。从图2.15中可以了解渡槽的基本情况，渡槽总长、上下游渐变段长度、排架的形式及数量、地质情况及总的工程量。

（1）渡槽平面图。平面图主要表达渡槽的总体布局、地形及地貌、方向、方位角以及控制点等内容。从渡槽平面图中可以读取以下信息：

1）渡槽主要由进口渐变段、槽身段、出口渐变段、支撑及基础组成。其上游与渠道连接，且为弧形渠道，下游接输水隧洞。

2）方向由指北针确定，其中针尖方向即为正北方向，渡槽轴线方位角为NE163.23°。

3）等高线及高程，图中地形线上标有"1280""1275""1270"等字样表示该线高程分别为1280m、1275m、1270m，且从图中可知，两等高线之间的高差为1m。进口处地面高程

为1275m、渡槽中部最低地面高程为1257m，高差为18m左右。

4）渡槽及渠道的桩号，渡槽的桩号为"SJ0+000.000"～"SJ0+265.000"表明渡槽总长265.0m，扣除进出口渐变段后为255.0m。渠道的桩号为"ZGQ52+516.000"～"ZGQ52+781.000"，总长也为265.0m。此处是双桩号标示，主要是方便确定渡槽的长度及渠道桩号的连续性。

5）控制点及排架编号，平面图中控制点有"SJ-1"～"SJ-6"共6个控制点。排架的标号有"1号排架"～"16号排架"，共计16个排架。

6）其他信息包括：地质地层、倾向、倾角信息，如图中"$Q^{(el+dl)}$""⊥12°"等；渡槽进、出口渐变段和排架基础的开挖线及渡槽的征地红线。

（2）渡槽纵剖面图。纵剖面图主要表达渡槽纵断面组成、上下游渠底高程及水面线衔接、排架的高度及其基础形式和埋深等内容。从渡槽纵剖面中，主要读取以下信息：

1）渡槽进出口及排架的间距。图2.16进、出口渐变段长度均为5.0m，排架间距全部为15.0m，总长为15×17＝255.0（m），各项数字均与平面图一致。

2）高程标尺及栏杆。图中左右两侧各绘制有一高程标尺，一般为剖切纵断面时自动生成，主要用作量算、校核渡槽各组成部分的高程。渡槽顶部布置有栏杆，方便群众出行。

3）支撑结构及地基情况。上、下游渐变段处采用边墩，中间部位均采用排架支撑，其中除1号排架、2号排架、16号排架采用板式基础外，其余3～15号排架均采用桩基础。支撑结构基础均穿过土石分界线放在强风化层里，以保障具有足够的强度，基础的开挖坡比采用1:1。线条中带"XXX"代表强风化下限，"T_2Q^{1+1}"表示岩层。

4）为更好地将渡槽细部结构表达清楚，在渡槽不同部位共设置6个剖面，分别是A-A剖面、B-B剖面、C-C剖面、D-D剖面、E-E剖面、F-F剖面，相应的剖面图如图2.16所示。

5）纵剖面图中列出详细表格，按桩号分别统计渡槽的水面线高程、渠底高程、方向、底坡和地质说明。表中水面线高程、渠底高程用以确定各桩号处渡槽的高程、方向，也即渡槽轴线方位角，为NE163.23°，与平面图一致。渡槽底坡为1/1750；进、出口渐变段分别为-1/12.22、+1/12.22，说明上游渐变段为反坡。地质说明，主要介绍渡槽所在位置的地形地貌、坡度、覆盖层厚度、地层岩性及地下水埋藏情况，应注意此部分数据应与平面图地质数据完全一致。

（3）控制点坐标表及工程量表。

1）控制点坐标表。共6个控制点，编号与平面图中一致，并分别列出其X、Y坐标，最后一栏有详细备注控制点的具体部位，即上游渠道弯段起点、圆心，上游渐变段起点、终点和下游渐变段起点、终点。

2）工程量表。统计整个渡槽的主要工程量，包括土石方开挖、回填量，混凝土及钢筋混凝土工程量，钢板、止水及栏杆工程量，需注意各工程量的单位及相应的备注，且工程量是按不同部位、不同施工方法分别统计的。

（4）排架结构尺寸表及说明。

1）图2.15排架结构尺寸表。共16个排架，其中1号排架、2号排架、16号排架采用板式基础，故其没有人工挖孔桩深度。各排架柱高度、尺寸也不尽相同。连系梁的尺寸、间

距、根数也可在表中找到，排架基础建基面高程都不相同，可从表中一一查询。

2）说明。主要介绍本套图图纸数量及本图的顺序，图纸的单位，渡槽设计参数的具体取值，排架基础的位置及地基承载力要求。强调工程量的计算范围、地基出现与设计不一致情况下的处理、排水沟的尺寸及连接。

图2.16主要由进出口平面、纵断面图、6个剖面图、排架的结构图及剖面图组成。用大比例尺表达渡槽进出口、槽身、排架及基础详细信息。从图2.16中可以知悉渡槽的各组成部分具体布置、相互之间关系和各部分的具体尺寸。

（5）进口段是渡槽的重要组成部分，一般与渠道相连接并设有渐变段，使水流平顺连接，适应过水断面的变化。渐变段主要有扭曲面式、八字墙式和反翼墙式等，本图采用的是扭曲面。本图绘制了进口平面图、进口纵断面图、A-A剖视图和B-B剖面图4部分，准确、完整地将进口段表达清楚，分部识读如下：

1）进口平面图主要可以识读如下信息。

a．进口渐变段的渠道、渡槽桩号及控制点编号，分别用"ZGQ52+516.000""SJ0+000.000""SJ0+005.000"，控制点"SJ-3""SJ-4"，与图2.15相应信息保持一致。

b．水流方向。用箭头表明上下游关系，箭头方向表明水流方向，本图水流方向从左到右。

c．高程。上游渠底高程及渡槽顶高程分别为1274.805m、1278.564m。

d．上游渠道及渡槽尺寸。上游渠道净宽4.2m，渡槽净宽3.8m，左右侧局部衬砌宽分别为1.6m、2.0m。

2）进口纵断面图主要可以识读如下信息。

a．渠道及渡槽相应高程。渠顶高程、设计水位、渠底高程分别为1279.155m、1278.022m、1274.805m；渡槽槽顶高程、设计水位、槽底高程分别为1278.564m、1277.911m、1275.214m。

b．渡槽采用C30混凝土，槽身净高3.35m，底部厚0.45m。

c．地形、地质情况及开挖边坡，主要有地面线、土石分界线，土、石开挖边坡分别为1:1、1:0.75。

d．边墩：采用C10混凝土砌毛石，台阶型，两级，每级宽2.0m，高分别为0.975m、1.0m，总高1.975m。

e．边墩台帽：采用C25混凝土，矩形，高0.5m。

3）A-A剖视图（渐变段入口）主要可以识读如下信息。

a．上游渠道宽4.20m，高4.35m，设计水深3.217m，衬砌为混凝土，厚0.10m。

b．U形渡槽半径为1.90m，槽顶高程为1278.564m，槽底高程为1275.214m，对应渡槽净高3.35m。

c．渠道两侧，高出地面处设置衬砌，采用C10混凝土砌毛石，高2.00m，顶宽1.60m、2.00m，外侧按1:0.15、1:0.2放坡。衬砌底放在土石分界线下。

d．排水沟尺寸为0.3m×0.3m。岩层为T_2g^{1-2}，49°∠12°。

4）B-B剖面图（渐变段出口）主要可以识读如下信息。

a．渡槽净宽3.80m，净高3.35m，水面线高程1277.911m，槽底高程1275.064m，水深2.697m。

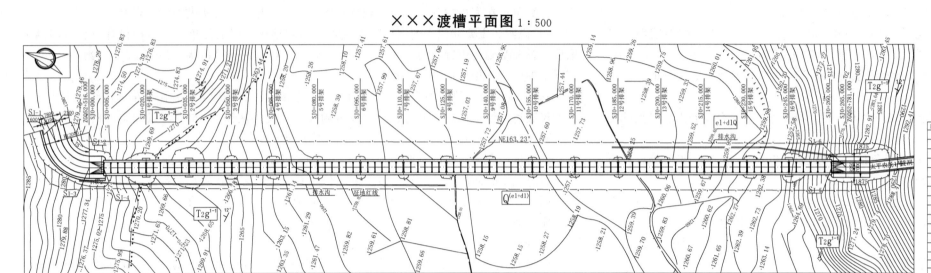

×××渡槽平面图 1:500

控制点坐标表

点号	X	Y	备注
S1-1	2901500.948	567536.644	上游渠道弯段起点
S1-2	2901490.746	567542.962	上游渠道弯段圆心
S1-3	2901487.284	567531.471	上游渐变段起点
S1-4	2901482.497	567532.914	上游渐变段终点
S1-5	2901238.338	567606.478	下游渐变段起点
S1-6	2901233.561	567607.953	下游渐变段终点

工程量表

序号	名称	单位	数量	备注
1	土方开挖	m³	771	
2	石方开挖	m³	221	
3	竖井土方开挖	m³	177	桩基开挖，φ1.4m
4	竖井石方开挖	m³	69	
5	土石回填	m³	557	
6	C25孔桩混凝土	m³	189	二级配；R28
7	C25混凝土护壁	m³	67	一级配；R28
8	槽身C30钢筋混凝土	m³	929	槽身拉杆及人行板；W8F50，R28
9	排架C25混凝土	m³	311	排架柱；二级配；R28
10	C20钢筋混凝土	m³	54	排架基础；三级配；R28
11	C25钢筋混凝土	m³	135	承台基础；三级配；R28
12	C10混凝土垫毛石	m³	187	三级配；R28
13	C10混凝土	m³	65	渐变段；二级配；R28
14	栏杆	m	472	
15	渡槽止水	m	176	
16	钢板	块	68	A3钢板，700mm×500mm×16mm，3t
16	钢板	块	36	A3钢板，1300mm×700mm×16mm，4.7t
17	C15混凝土	m³	15	排水沟长150m

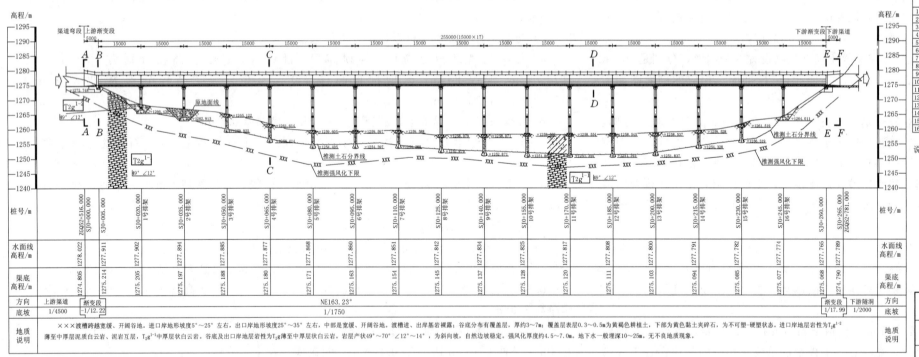

×××渡槽纵断面图 1:500

排架结构尺寸表

项目	人孔桩深度 Δ/m	排架高度 H/m	排架柱尺寸 (b×h)/(m×m)	连系梁尺寸 (a×a)/(m×m)	横系梁/根	横系梁间距/m	横系梁高 h₁/m	建基面高程/m
1号排架	—	7.00	0.50×0.80		2	0.60	2.70	1265.439
2号排架	—	9.50	0.50×0.80		2	3.10	2.70	1262.931
3号排架	5.00	8.50	0.50×0.80	0.50×0.50	3	2.10	2.70	1258.922
4号排架	5.00	12.00	0.60×0.90	0.50×0.50	4	2.40	2.70	1255.414
5号排架	5.00	14.00	0.60×0.90	0.50×0.50	4	1.20	2.70	1253.405
6号排架	5.00	14.00	0.60×0.90	0.50×0.50	4	1.20	2.70	1253.397
7号排架	5.00	14.00	0.60×0.90	0.50×0.50	4	1.20	2.70	1253.388
8号排架	5.00	15.00	0.60×0.90	0.50×0.50	4	1.20	2.70	1251.879
9号排架	5.00	15.50	0.70×1.00	0.50×0.50	4	1.20	2.70	1251.871
10号排架	5.00	15.50	0.70×1.00	0.50×0.50	4	1.20	2.70	1250.862
11号排架	7.00	15.00	0.60×0.90	0.50×0.50	4	2.20	2.70	1250.354
12号排架	7.00	15.00	0.60×0.90	0.50×0.50	4	2.20	2.70	1250.345
13号排架	6.50	15.00	0.60×0.90	0.50×0.50	4	2.20	2.70	1250.837
14号排架	6.50	15.00	0.60×0.90	0.50×0.50	4	2.20	2.70	1253.328
15号排架	5.00	12.00	0.60×0.90	0.50×0.50	3	2.40	2.70	1255.319
16号排架	—	9.50	0.50×0.80		2	3.10	2.70	1262.611

说明：
1. 本套渡槽设计图共两张，此图为第一张。
2. 尺寸单位：除高程、桩号以m计外，其余以mm计。
3. 渡槽设计流量Q=16.297m³/s，加大流量Q=19.324m³/s，槽壳内壁糙率不大于0.014，人群荷载不大于3.0kPa。
4. 排架基础及上下游边应置于强风化岩体中上部，地基承载力不小于500kPa，孔桩深入强风化层不小于1.2m，桩端端阻力特征值不小于900kPa。
5. 基础若开挖至设计高程，仍未达到设计基础要求，则需继续深挖满足设计要求。超挖部分用C15埋石混凝土回填至设计高程，超挖回填工程量以现场实际发生计。
6. 工程量计量范围：ZGQZGQ52+516.000～ZGQ52+781.000。
7. 排水沟与渠道排水系统相接，将水排至渡槽低注处天然排水系统。尺寸参见渠道排水沟。

（工程设计单位）

审定		证书编号	工程咨询： 勘察/设计：
审查		×××水利枢纽工程 水工(输配水)部分	施工阶段
校核			
设计		×××渡槽设计图(1/2)	
会签专业	会签人	制图	比例 见图 日期 2011.09
地质			图号

图 2.15 ×××渡槽设计图

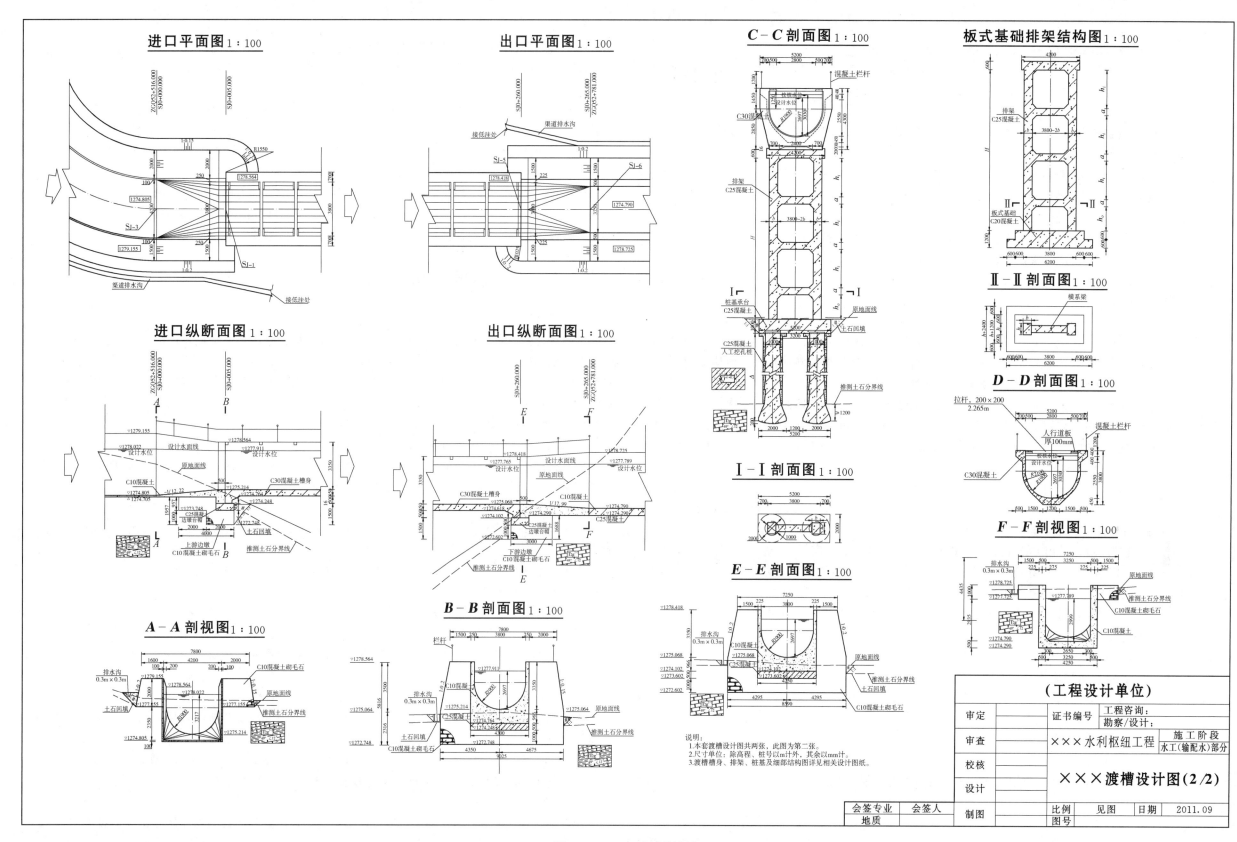

图 2.16 ×××渡槽设计图

b. 边墩台帽采用 C25 混凝土，厚 0.50m，长 4.30m。

c. 进口边墩采用 C10 混凝土砌毛石，高 5.816m，上半段 3.50m 范围内左右侧边坡分别为 1:0.2、1:0.15，3.5m 以下垂直砌筑。边墩上部左侧宽 1.5m，右侧宽 2.0m，下部底宽 9.025m。

d. 边墩底部高程为 1272.748m，岩层为 T_2g^{1-2}，49°∠12°，其中一边设置 0.3m×0.3m 的排水沟。

(6) 出口段为渡槽的重要组成之一，跟进口段相似，一般也布置有渐变段。其下游接渠道或隧洞等。本张图绘制了出口平面图、出口纵断面图、$E-E$ 剖视图和 $F-F$ 剖面图四部分，绝大部分结构与进口相似，可以参考进口段相应部分识读。

(7) $D-D$ 剖面图（槽身断面图），主要绘制 U 形渡槽槽身的断面尺寸、栏杆、拉杆的设置等。$D-D$ 剖面图主要信息识读如下：

1）渡槽总高 3.80m，总宽 5.20m，净高 3.35m，净宽 3.8m。设计水深 2.697m，校核水深 3.030m。

2）渡槽采用 C30 混凝土，内径 1.90m，外径 2.10m，侧墙厚 0.20m，底部厚 0.45m。

3）渡槽人行道板厚 0.10m，宽 0.50m，两边对称布置。拉杆的尺寸为 0.20m×0.20m。

(8) $C-C$ 剖面图及 $I-I$ 剖面图，主要绘制桩式基础排架的断面尺寸、渡槽端肋、人工挖孔桩等。$C-C$、$I-I$ 剖面图识读主要信息如下：

1）为便于槽身支撑在排架上，并增加 U 形渡槽槽身支撑点处的刚度，常在支点处设置端肋，图 2.16 端肋采用 C30 混凝土，高 4.30m，宽 5.20m，其中上部 1.45m 为垂直边坡，1.45m 以下每边收窄 0.70m。图中还绘制了渡槽断面，标注其主要尺寸，因槽身断面前面已经识读过，这里不再赘述。

2）排架采用 C25 混凝土，宽 0.7+2.4+0.7=3.80（m），顶部支点处宽 4.20m，排架高 H、排架柱尺寸为 $b×h$，连系梁尺寸为 $a×a$，间距 h_0、h_i，相应字母代表的含义及数据，需结合图 2.16 中排架结构尺寸表共同确定。

3）桩基承台，采用 C25 混凝土，长 5.20m、宽 2.00m、高 1.00m。

4）人工挖孔桩，采用 C25 混凝土，桩长 △（见排架结构尺寸表）、孔距 3.20m、桩径 1.00m。土石分界线下，采用扩底桩，扩底直径 2.00m，扩底高不小于 1.20m。

(9) 板式基础排架结构图及 II-II 剖面图，主要绘制排架的结构尺寸、板式基础等。板式基础排架结构图、II-II 剖面图主要信息识读如下：

1）排架材料、宽度、高度及排架柱尺寸、连系梁尺寸、间距均与桩式基础排架一致，同样需结合排架结构尺寸表一起使用。

2）板式基础采用 C20 混凝土，总长 6.20m，采用台阶式，共两级，每级高度 0.60m，总高 1.20m；下级台阶比上级每边宽 0.60m，第一级基础宽 $h+1.20m$，第二级基础宽 $h+2.40m$（h、b 字母含义及数据见图 2.16 中排架结构尺寸表）。

3. 综合整理

通过对相关图纸的仔细阅读和分析，将渠道设计图各部分的内容综合整理，渠道的主要信息整理如下：

(1) 渡槽由进口段、渡槽、出口段、支撑系统及基础组成，渡槽总长 255.0m。

(2) 渡槽进、出口渐变段采用扭曲面，长度均为 5.0m。

(3) 渡槽为混凝土槽身，U 形断面，总高 3.80m，总宽 5.20m，净高 3.35m，净宽 3.8m。

(4) 渡槽进、出口采用混凝土边墩，中间采用排架，排架采用板式基础及人工挖孔桩基础。

(5) 排架的高度、排架柱尺寸、连系梁的尺寸、间距以及人工挖孔桩深度均可以对照查表。

(6) 排架基础、人工挖孔桩扩底基础均以强风化层作为持力层，排架基础地基承载力不小于 500kPa，桩尖进入强风化层不小于 1.2m，桩基端阻特征值不小于 900kPa。

(7) 渡槽槽身、排架、桩基及细部结构图需结合其他相关图纸一起使用。

任务 2.4 土石坝认识及图纸识读

2.4.1 土石坝的认识

土石坝泛指由当地土料、石料或混合料，经过抛填、碾压等方法堆筑成的挡水坝。当坝体材料以土和砂砾为主时，称土坝；以石渣、卵石、爆破石料为主时，称堆石坝；当两类材料均占相当比例时，称土石混合坝。目前，土石坝是贵州省坝工建设中应用最为广泛和发展最快的一种坝型。

2.4.1.1 土石坝的类型

土石坝常按坝高、施工方法或筑坝材料分类如下。

(1) 按坝高划分。DL/T 5395—2007《碾压式土石坝设计规范》规定，土石坝分为：①低坝，即坝高小于 30m 的土石坝；②中坝，即坝高为 30~70m 的土石坝；③高坝，即坝高大于 70m 的土石坝。

(2) 按施工方法划分，土石坝分为：①碾压式土石坝；②水力冲填坝；③定向爆破堆石坝。

以上三种坝中应用最为广泛的是碾压式土石坝，它是用适当的土料分层堆筑，并逐层加以压实（碾压）而成的坝。

(3) 按坝体材料所占比例划分，土石坝分为：①土坝；②土石混合坝；③堆石坝。

2.4.1.2 土石坝的构造及作用

土石坝的基本剖面主要是梯形，主要由坝顶构造、防渗体、护坡与排水、排水设施等细部构造组成。

1. 坝顶构造

坝顶结构或布置应符合当地的社会经济条件，并与当地环境相协调。坝顶一般可做成泥结石路面和混凝土或沥青路面等，宽度根据运行、施工、构造、交通和人防等方面的要求综合决定。DL/T 5395—2007《碾压式土石坝设计规范》规定，高坝坝顶宽度一般为 10~15m，中坝坝顶宽度为 5~10m，低坝坝顶宽度为 3~6m。

2. 防渗体

土坝防渗体主要有心墙、斜墙、铺盖、截水墙等，设置防渗设施的作用是减少通过坝体和坝基的渗流量；降低浸润线，增加下游坝坡的稳定性；降低渗透坡降，防止渗透变形。按照土料在坝身内的配置和防渗体所用的材料可分为均质坝、土质防渗体分区、非土料防渗体坝。

（1）均质土坝。坝体断面不分防渗体和坝壳，基本上是由均一的黏性土料（壤土、砂壤土）筑成。

（2）土质防渗体分区坝。用透水性较大的土料作坝的主体，用透水性极小的黏土作防渗体的坝。

（3）非土料防渗体坝。防渗体由沥青混凝土、钢筋混凝土或其他人工材料建成的坝。按其位置也可分为心墙坝和面板坝。

3．护坡与坝坡排水

（1）护坡。土石坝的护坡形式有：草皮、抛石、干砌石、浆砌石、混凝土或钢筋混凝土、沥青混凝土或水泥土等。作用是防止波浪淘刷、顺坝水流冲刷、冰冻和其他形式的破坏。

（2）坝坡排水。除干砌石或堆石护面外，均必须设坝面排水。为了防止雨水冲刷下游坝坡，常设纵横向连通的排水沟。与岸坡的结合处，也应设置排水沟以拦截山坡上的雨水。坝面上的纵向排水沟沿马道内侧布置，用浆砌石或混凝土板铺设成矩形或梯形。

4．排水设施

（1）排水设施。形式有贴坡排水、棱体排水、褥垫排水、管式排水和综合式排水。坝体排水的作用是降低坝体浸润线及孔隙水压力，防止坝坡土冻胀破坏。在排水设施与坝体、土基接合处，都应设置反滤层。其中贴坡排水和棱体排水最常用。

（2）反滤层。为避免因渗透系数和材料级配的突变而引起渗透变形，在防渗体与坝壳、坝壳与排水体之间都要设置 2～3 层粒径不同的砂石料作为反滤层。材料粒径沿渗流方向由小到大排列。

2.4.2　土石坝图纸识读

在常见的水利工程中，土石坝最常用的分类方法是按照防渗体位置来进行分类，贵州省最常见的土石坝有均质土坝、黏土心墙坝、面板堆石坝等。现以贵州省最常见的土石坝为案例，识读土石坝图。

识读水利工程图一般由枢纽布置图到建筑结构图，先整体后局部，先看主要结构再看次要结构，先粗后细逐步深入。

1．概括了解

从标题栏、工程特性表和图样上的说明中，了解枢纽中各建筑物的名称、作用、尺寸单位、绘图比例等内容。

分析枢纽中建筑物各部分采用了哪些表达方法，分析各视图的视向、剖视、断面的剖切位置、投影方向、详图的索引部位和名称。

2．深入阅读

概括了解之后，需进一步仔细阅读，了解每个图所表达的主要内容，根据这些内容进行形体分析，读懂建筑物的形状、构造、尺寸、材料等内容。

3．综合整理

通过对平面图、立面图、剖面图等识读，总结归纳，综合整理，对枢纽及枢纽中各建筑物的大小、形状、位置、结构、材料、功能有一个完整、清晰的了解。

【案例 2.4】　贵州省泥着落水库的枢纽设计图识读。

工程概况：泥着落水库位于东经 104°46′14″、北纬 26°16′21″，地处贵州省水城县南部的发耳乡叶家坡村境内，所在河流为北盘江一级支流尿水岩河，属珠江流域北盘江水系，坝址以上控制流域面积 2.0km²，主河道长度 2.56km，平均坡降为 6.8‰，流域形状系数为 0.305，是一座以农业灌溉为主的小（2）型水库，多年平均来水量 118.81 万 m³。水库坝址距水城县县城 79km，距其所在地发耳乡 4.0km，有水城至发耳乡公路经过水库附近，有乡村公路达到坝顶，交通较为方便。

1．概括了解

图 2.17 所示为水库枢纽布置图。从标题栏和图样上的说明中了解建筑物的名称、绘图比例、尺寸单位等内容。

该均质土坝布置图属于贵州省泥着落水库除险加固工程初步设计阶段的水工部分。图纸包括：水库枢纽布置图（图 2.17）、放水隧洞结构设计图（图 2.18）和大坝结构设计图（图 2.19）。

该枢纽主体由挡水建筑物、泄水建筑物、引水建筑物等组成。

（1）挡水建筑物。该挡水建筑物为均质土坝，由大坝、岸边正槽式溢洪道组成。大坝用于拦截河水，抬高上游水位形成水库。

（2）泄水建筑物。泄水建筑物为岸边正槽式溢洪道，无闸门。溢流堰为 WES 型实用堰，由上游面曲线、下游面曲线和下游挑流加消力池组成。溢流面采用混凝土浇筑；溢流道由溢流面曲线、边墩、工作桥等组成。

（3）引水建筑物。引水系统主要由取水口和引水隧洞组成。

2．深入阅读

（1）工程枢纽布置图识读。水库枢纽布置图主要表达工程的总体布局、控制点的位置，以及地形、地貌、河流、指北针、坝轴线位置、道路以及枢纽中各建筑物的平面位置关系、建筑物与地面的连接关系、主要高程和主要轮廓尺寸等内容。

由水库枢纽布置图（图 2.17）中，主要读出以下信息：

1）大坝坝顶高程。坝顶高程为 1685.40m。

2）坝轴线方位角 NE19°12′25″。

3）大坝桩号。从桩号标注可以识读出大坝长度为 92.5m。

4）坝右岸控制点 T12。

5）大坝上、下游坡比。上游两种不同坡比分别为 1∶2.6 和 1∶3.0，下游两种不同坡比分别为 1∶1.9 和 1∶1.8。

6）马道位置。上游有一条变坡线，高程为 1678.00m，一级马道；下游设置一级马道，高程为 1665.40m。

7）放水隧洞。右坝肩设有放水隧洞，隧洞从"隧 0＋000"开始到"隧 0＋0139.9"结束，长度为 139.9m。

泥着落水库枢纽布置图 1:1000

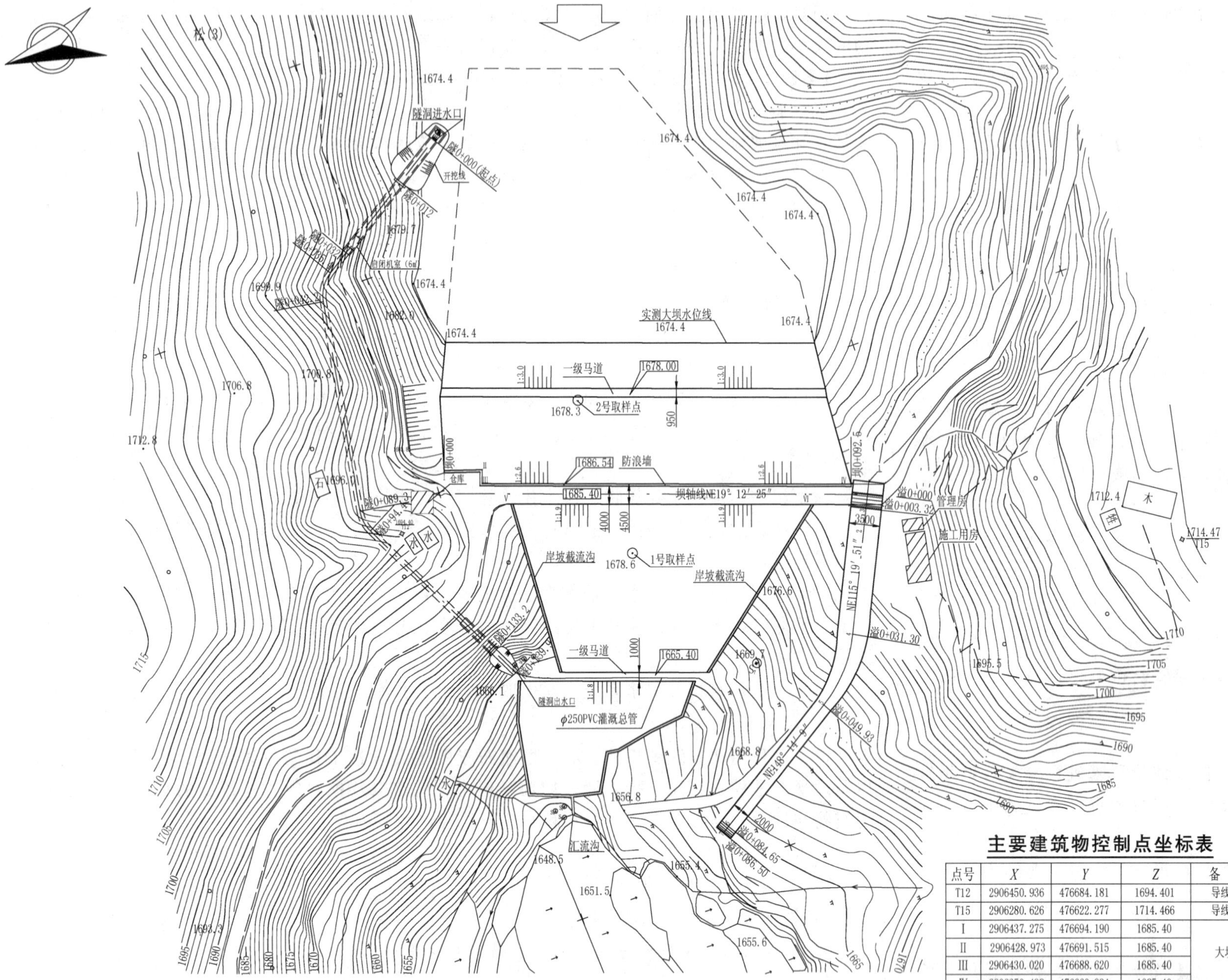

工程特性表

序号及名称	单位	数量	备注
一、水文			
1. 坝址以上流域面积	km²	2.0	
2. 利用的水文系列年限	年	40	1963~2002年降雨系列
3. 多年平均来水量	万m³	118.81	
4. 多年平均流量	m³/s	0.038	
5. 设计洪水标准及流量	m³/s	24.54	P=5%
6. 校核洪水标准及流量	m³/s	37.24	P=0.5%
二、水库			
1. 校核洪水位	m	1685.20	
2. 设计洪水位	m	1684.723	
3. 正常蓄水位	m	1683.50	
4. 死水位	m	1672.90	
5. 总库容	万m³	48.16	
6. 正常高水位以下库容	万m³	40.03	
7. 兴利库容	万m³	30.09	
8. 死库容	万m³	9.95	
9. 淤沙库容	万m³	1667.637	
三、下泄流量			
1. 设计洪水时最大流量	m³/s	19.84	
2. 校核洪水时最大流量	m³/s	31.0	
四、工程效益指标			
1. 灌溉效益			
灌溉面积	亩	1700	
灌溉保证率	%	80	
五、淹没及工程永久占地			
1. 新增淹没土地	亩		
2. 新增工程永久占地	亩		
六、主要建筑物及设备			
1. 大坝			
坝型		均质土坝	
地基特性		II类地基	
地震烈度及设防烈度		6/6	
坝顶高程		1685.40	
最大坝高		31.0	
坝顶长度		92.70	
坝顶宽度		4.5	
2. 溢洪道			
型式		岸边正槽式溢洪道	
地基特性		II类地基	
堰型		实用堰	
堰顶高程	m	1683.50	
消能方式		挑流消能	
3. 放水隧洞			
进水口中心高程		1.5×1.933	

说明:
1. 图中尺寸除高程、桩号以m计外,其余均以mm计。
2. 由于上游面坝坡坝脚测量时处于水下,图中所示坝脚线仅为示意。
3. 图中溢洪道部分详见《水城—泥着落—初设—水工—04》。
4. 图中隧洞部分详见《水城—泥着落—初设—水工—05》。

主要建筑物控制点坐标表

点号	X	Y	Z	备注
T12	2906450.936	476684.181	1694.401	导线点
T15	2906280.626	476622.277	1714.466	导线点
I	2906437.275	476694.190	1685.40	大坝
II	2906428.973	476691.515	1685.40	
III	2906430.020	476688.620	1685.40	
IV	2906350.498	476660.924	1685.40	
V	2906424.843	476684.441	1685.40	坝轴线
VI	2906361.096	476662.233	1685.40	
1	2906346.526	476660.127		溢洪道
2	2906347.658	476657.736		
3	2906349.079	476654.736		
4	2906361.060	476629.425		
5	2906372.383	476616.754		
6	2906401.868	476598.498		
7	2906403.441	476597.524		

（工程设计单位）			
核定		水城县发耳乡泥着落 水库除险加固工程 工程	初步 设计
审查			水工 部分
校核			
设计		**泥着落水库枢纽布置图**	
制图			
描图	AutoCAD	比例 如图	日期
设计证号		图号	HS—MZL—CS—SG—02

图 2.17 泥着落水库枢纽布置图

隧洞平面布置图 1:500

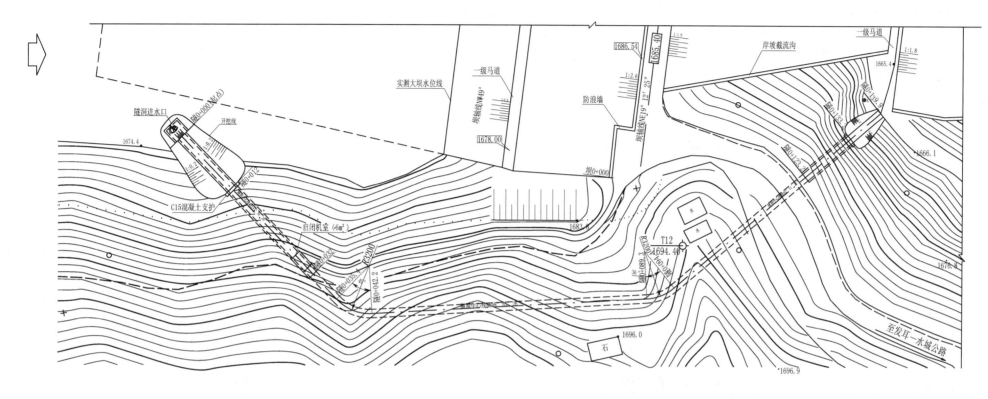

Ⅰ－Ⅰ剖面图 1:500

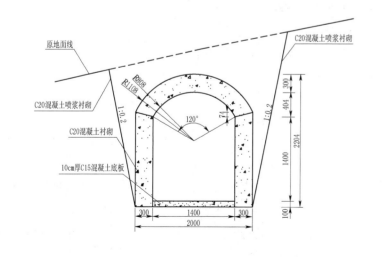

Ⅱ－Ⅱ剖面图 1:50

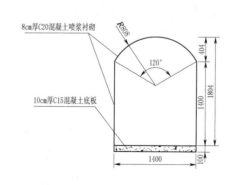

说明：

1. 图中尺寸单位除高程和桩号以 m 计外，其余均以 mm 计。
2. 隧洞洞身每隔 10m 设一伸缩缝，缝内设止水。
3. 隧洞充填灌浆采用梅花型布置形式，孔矩 3.0m，孔深 2.0m。
4. 由于坝基灌浆帷幕线横穿放水隧洞，在施工次序上有矛盾，建议先进行帷幕灌浆再进行隧洞开挖，在其交叉部位施工放炮时要注意避免破坏防渗帷幕。
5. 鉴于隧洞洞身围岩为玄武岩，施工过程中应一边开挖一边衬砌，避免节理裂隙段垮塌。
6. 由于上游面坝坡坝脚测量时处于水下，图中所示坝脚线仅为示意。

（工程设计单位）				
核定		水城县发耳乡泥猪箐	初步	设计
审查		水库除险加固工程 工程	水工	部分
校核				
设计		放水隧洞结构设计图		
制图				
描图	AutoCAD	比例	如图	日期
设计证号		图号	SC-NZL-CS-SG-05	

图 2.18 放水隧洞结构设计图

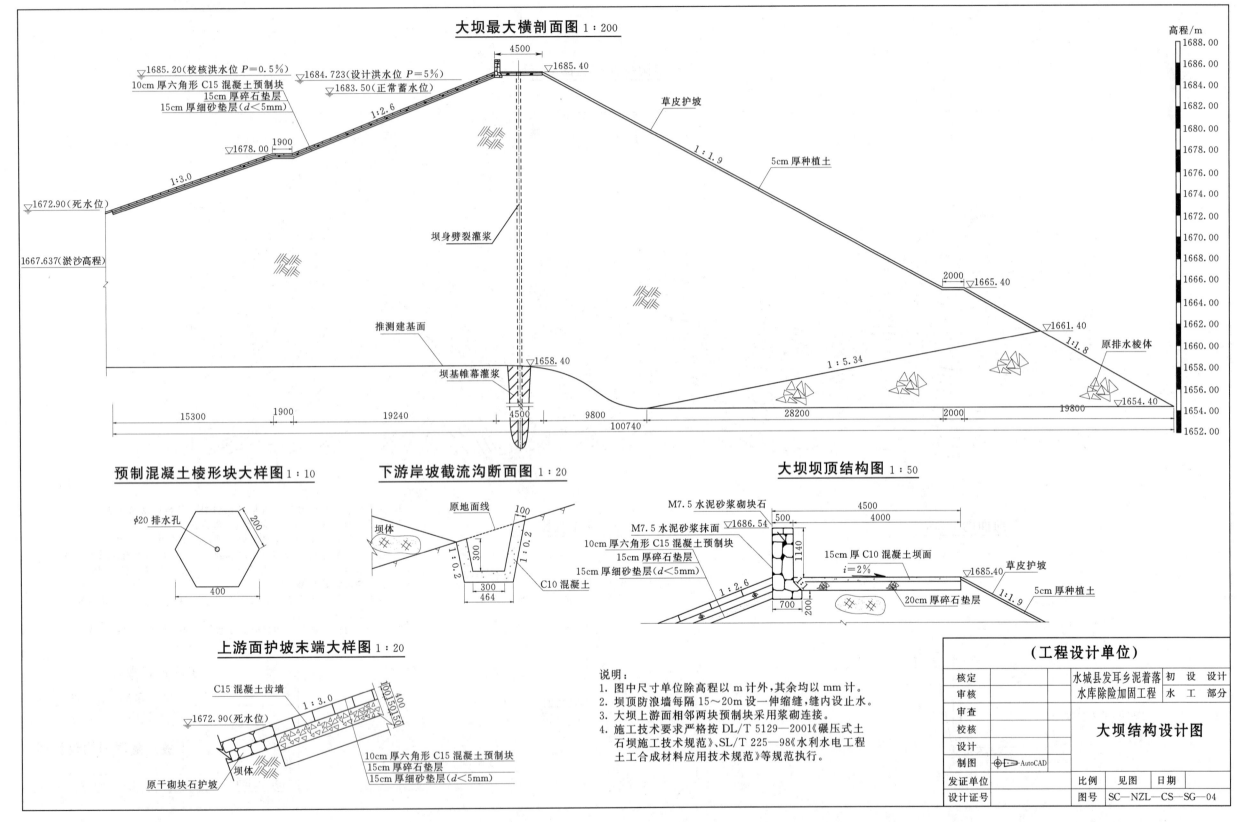

图 2.19　大坝结构设计图

图 2.20 泥着落水库竣工后的水库大坝照片

8）左岸岸边式溢洪道。"溢0+000"和"溢0+086.5"之间，总长86.5m，堰顶宽度3.5m，末端宽度为2.0m；溢洪道中心线方位角分别为NE115°19′51″和NE148°14′9″。

9）防渗心墙中心线位置。防渗墙中心线在大坝轴线上游，距离不确定，防浪墙顶高程1686.54m。

（2）放水隧洞结构设计图识读（图2.18）。引水系统设计图主要包括灌溉引水隧洞平面布置图、灌溉引水隧洞断面图。图中表达了灌溉引水建筑物的形状、尺寸、过水断面及衬砌方式等。

从灌溉引水隧洞设计图主要读出以下信息：

1）放水隧洞。右坝肩设有放水隧洞，隧洞从"隧0+000"开始到"隧0+0139.9"结束，长度为139.9m；隧洞中心线方位角分别为NE147°34′28″、NE98°55′26″和NE62°31′15″。

2）灌溉引水隧洞为城门洞型结构，过水断面尺寸为1.4m×1.804m，Ⅰ-Ⅰ剖面用C20混凝土衬砌，衬砌厚度0.3m；Ⅱ-Ⅱ剖面采用8cm厚C20混凝土喷浆衬砌。

3）隧洞转弯半径、开挖边线、坝脚线。转弯半径根据隧洞的中心不同而不同，开挖边线坡比是1:0.2，开挖边线在图中基本属于示意性线条，实际工作中需要计算确定。

4）坝右岸控制点T12坐标为$x=2906450.936$，$y=476684.181$，$z=1694.401$。

（3）大坝结构设计图识读（图2.19）。大坝结构设计图主要包括大坝剖面形状、坝顶结构图、上游护坡大样图等。

1）大坝顶高程为1685.40m，宽度4.5m。

2）上游护坡面面层采用10cm厚的干砌六角形C15混凝土预制块，预制块下分别为15cm厚碎石垫层和15cm厚细砂垫层。

3）设计洪水位1684.72m、校核洪水位1685.20m、正常蓄水位1683.50m、死水位1672.90m等。

4）防渗方式为坝身劈裂灌浆，位于坝轴线。

5）帷幕灌浆轴线与坝轴线重合，建基面高程1658.40m，帷幕灌浆采用单排帷幕。

6）下游两种不同坡比分别为1:1.9和1:1.8，下游坝坡采用草皮护坡。

7）上游设置马道一道，宽1.9m，高程1678.00m；下游设置马道一道，宽2.0m，高程1665.40m。

8）坝轴线坝基高程1658.40m，下游坝基最低高程1654.40m。

3. 综合整理

通过对相关图纸的仔细阅读和分析，将各部分的内容综合整理，读出该水库枢纽设计图主要内容如下。

泥着落水库总体布置为：均质土坝＋岸边正槽式溢洪道＋右岸灌溉引水系统。

土石坝最大坝高31.0m，坝顶宽度4.5m，坝顶高程1685.40m，坝顶长度92.70m，坝顶有"L"形的砌石防浪墙，顶部高程为1686.54m。上游两种不同坡比分别为1:2.6和1:3.0，上游护坡面面层采用10cm厚的干砌六角形C15混凝土预制块，预制块下为15cm厚碎石垫层和15cm厚细砂垫层；防渗方式为坝身劈裂灌浆，位于坝轴线。上游设置马道一道，宽1.9m，高程1678.00m；下游设置马道一道，宽2.0m，高程1665.40m。溢洪道设置在大坝左岸，为正槽式溢洪道，总长86.5m，堰顶宽度3.5m，末端宽度为2.0m；溢洪道中心线方位角分别为NE115°19′51″和NE148°14′9″；放水隧洞设置在大坝右岸，隧洞总长为139.9m；隧洞中心线方位角分别为NE147°34′28″、NE98°55′26″和NE62°31′15″。

泥着落水库施工竣工后水库大坝照片如图2.20所示。

通过贵州省泥着落水库土石坝的识图，结合其他细部结构图纸，能基本识读此类图纸，同时在常见的土坝中，面板堆石坝的识读与均质土坝有一些区别，在识图时要注意区分。

任务2.5 重力坝认识及图纸识读

2.5.1 重力坝的认识

重力坝横剖面上是呈三角形的挡水建筑物，其工作原理主要是依靠大坝自身重量保持坝体稳定和满足强度要求。重力坝是一种设计和施工比较成熟的坝型，对地质条件要求不高，特别适合地形复杂、河谷多、地质条件不好的地方修建。

2.5.1.1 重力坝的分类

（1）按高度划分，重力坝分为：①低坝，坝高在30m以下；②中坝，坝高为30~70m；③高坝，坝高超过70m。

坝高是指坝基最低面（不含局部有深槽或井、洞部位）至坝顶路面的高度。

（2）按泄水条件分，重力坝可分为泄水坝段和挡水坝段。溢流坝段和坝内设有泄水孔的坝段统称为泄水坝段，非溢流坝段称为挡水坝段。

（3）按筑坝材料分，重力坝分为混凝土重力坝和浆砌石重力坝。

（4）按坝体结构形式分，重力坝分为实体重力坝、宽缝重力坝、空腹重力坝、预应力锚固重力坝和装配式重力坝。

（5）按施工方法分，重力坝分为浇筑混凝土重力坝和碾压混凝土重力坝。

2.5.1.2 重力坝构造

重力坝的构造包括坝顶、坝体、分缝、灌浆廊道、止水排水等。

坝顶：重力坝坝顶结构形式和尺寸应按使用要求决定。溢流坝段坝顶工作桥和交通桥的布置必须满足泄洪、闸门启闭、运行操作、交通、检修等要求。

坝体：通常重力坝坝体剖面为三角形。重力坝利用三角形坝体的自重，抵抗上游水压力以达到稳定和强度要求。

分缝：缝分为横缝和纵缝，其作用是有利于施工期间混凝土散热以及防止出现地基不均匀沉降出现的拉应力过大，需分段浇筑。

灌浆廊道：重力坝一般修建在岩基上，但当坝不高时也可修建在土基上。为了减少开挖量和大坝的浇筑量，大坝可以修建在弱风化层。由于地基中存在节理、裂缝，地基隔水性较差，需在大坝上游侧设置灌浆廊道。

止水和排水：横缝上游侧应埋设止水片。止水片距上游面一般为0.2~0.5m。重力坝坝体上游一般需设置竖向排水管，与纵向廊道相连通，排出渗水。

2.5.1.3 重力坝溢洪

重力坝泄洪方式的选择，应根据泄洪量的大小，结合工程具体情况确定。除有明显合适的岸边溢洪道外，应首先考虑坝身泄洪。但由于下泄水流向心集中，所以应特别重视消能防冲。

坝身泄洪常见方式如下：

（1）鼻坎挑流式。为了使泄水跌落点远离坝脚，常在溢流堰顶曲线末端以反弧段连接成为挑流鼻坎。该方式挑距较远，有利于坝体安全。

（2）坝身泄水孔式。坝身泄水孔是指位于水面以下一定深度的中孔或底孔。中孔多用于泄洪，底孔多用于放空水库、排沙、辅助泄洪及施工导流等。

（3）滑雪道式。溢洪道由堰顶曲线、泄槽、挑流鼻坎或底流消能等部分组成。

2.5.1.4 重力坝的消能防冲

重力坝通过坝体泄洪时，下泄水流离坝脚较近，冲坑较深，影响坝体安全。常见的消能方式有挑流消能、跌流消能、底流消能。重力坝下游一般还需采取防冲加固措施，如设护坦、护坡、二道坝、消力池等。

2.5.2 重力坝图纸识读

识读水利工程图一般由枢纽布置图到建筑结构图，先整体后局部，先看主要结构再看次要结构，先粗后细、逐步深入。

1. 概括了解

从标题栏、工程特性表和图样上的说明中了解枢纽中各建筑物的名称、作用、尺寸单位、绘图比例等内容。分析枢纽中建筑物各部分采用了哪些表达方法，分析各视图的视向、剖视、断面的剖切位置、投影方向、详图的索引部位和名称。

2. 深入阅读

概括了解之后，需进一步仔细阅读，了解每个图所表达的主要内容，根据这些内容进行形体分析，读懂建筑物的形状、构造、尺寸、材料等内容。

3. 综合整理

通过对平面图、立面图、剖面图等的识读，总结归纳，综合整理，对枢纽及枢纽中各建筑物的尺寸、形状、位置、结构、材料、构造、作用等有一个完整、清晰的掌握。

图 2.21、图 2.22 是一套重力坝设计图。从标题栏和图样上的说明中了解建筑物的名称、绘图比例、尺寸单位等内容。

【案例 2.5】 贵州某混凝土碾压重力坝的识读。

本套图纸包括重力坝设计图（图 2.21）、重力坝横剖面设计图（图 2.22）。

该枢纽建筑物由挡水建筑物、泄水建筑物、放水建筑物组成。

1. 概括了解

（1）挡水建筑物。该挡水建筑物为混凝土碾压重力坝，由溢流坝段、非溢流坝段组成。大坝用于拦截河水，抬高上游水位形成水库，水库的正常蓄水位 776.00m；溢流坝段由溢流坝面曲线、边墩组成，溢流堰堰顶高程 776.00m。

（2）泄水建筑物。选择坝顶表孔泄洪，该重力坝只设置 1 个溢流孔。溢流堰为 WES 型实用堰、消能方式采用的是底流消能。溢流面采取 C25 钢筋混凝土浇筑。

（3）放水建筑物。本工程放水建筑物由放水管和放空兼冲砂管组成。

放水管：采用 ϕ600 钢管，管壁厚 8mm。上游进口处设置拦污栅和检修平板闸门，下游出口处设置 ϕ600 工作闸阀。

冲砂管：冲砂管管径为 2.00m，采用 C40 钢筋混凝土浇筑。上游进口处设置拦污栅和检修平板闸门，下游出口处设置弧形工作闸门。

2. 深入阅读

（1）重力坝设计图（图 2.21）识读。该图由重力坝平面布置图和下游立式图组成。

重力坝平面布置图主要表达工程的总体布局、控制点的位置以及地形、地貌、河流、指北针等内容。大坝下游立视图主要表达大坝的下游立面外形，主要部位的高程及沿轴线的长度尺寸，下游坝坡与地面的连接关系等内容，并注有图形名称、比例、高程、比例尺、绘图单位及工程特性表。

由重力设计图（图 2.21）读出以下信息。

1）工程主要建筑物由挡水建筑物、泄水建筑物、放水建筑物组成。

2）从图中地形等高线可知坝址地形，两岸坡度较陡。大坝为碾压混凝土重力坝，坝轴线方位 NW20.0°，根据指北针和水流符号可知轴线方位。

3）大坝全长 171.00m，其中左坝段长 49.22m，溢流坝段长 9.60m，右坝段长 112.18m。坝顶高程为 780.00m，坝底高程 733.00m，最大坝高 47.00m，属于中坝。坝顶宽 5.00m。大坝下游坝后交通和闸阀室。

4）大坝设有泄洪表孔，表孔为单孔下泄，孔宽 8.00m，边墙厚 0.80m。堰顶高程为 776.00m，大坝采用底流消能方式。

5）廊道采用城门洞形，尺寸为 2.5m×3.5m，此剖面廊道底板高程为 738.00m。

6）溢流坝段工程边坡开挖与非溢流坝段一致，均为 1∶0.3。

7）放水建筑物从上游至下游依次由取水口、放水管和坝后闸室组成。取水口设置拦污栅和检修平板闸门，闸阀室内设置有 ϕ600 放水管工作闸阀和冲砂管弧形工作闸门。

8）大坝坝身设 5 条横缝，将坝体分为 6 个坝段。

9）大坝内设有灌浆廊道，廊道采用城门洞形，灌浆廊道最低底板高程为 738.00m。

10）从工程特性表中可知相关其他特性。

（2）重力坝剖面图（图 2.22）识读。大坝剖面图表达非溢流坝段、溢流坝段的剖面形状、构造、各部分高程、尺寸及材料等内容。

非溢流坝段剖面图可表达非溢流坝段剖面形状、剖切面位置、坝顶高程、坝顶宽度、坝体材料、坝基与地面的交线等。

从非溢流坝剖面图中主要读出以下信息。

1）非溢流坝段剖面图剖切面位置在桩号 0+122.54 处，比例为 1∶500。

2）大坝特征水位。设计洪水位 777.97m，校核洪水位 778.62m，正常蓄水位 776.00m，死水位 750.00m。

3）坝顶高程为 780.00m，坝顶宽 5.00m，坝顶上设有护栏。

4）大坝上游采用垂直浇筑，下游高程在 775.00m 以下采用 1∶0.75 坡比浇筑，下游高程在 775.00m 以上采用垂直浇筑。

5）廊道采用城门洞形，尺寸为 2.5m×3.5m，廊道底板高程 738.00m。

6）坝体主体材料为 C15 碾压混凝土，上游采用 C20 碾压混凝土。

7）基础上下游开挖坡比在覆盖层采取 1∶1，弱风化层采取 1∶0.3。

重力坝平面布置图 1:1000

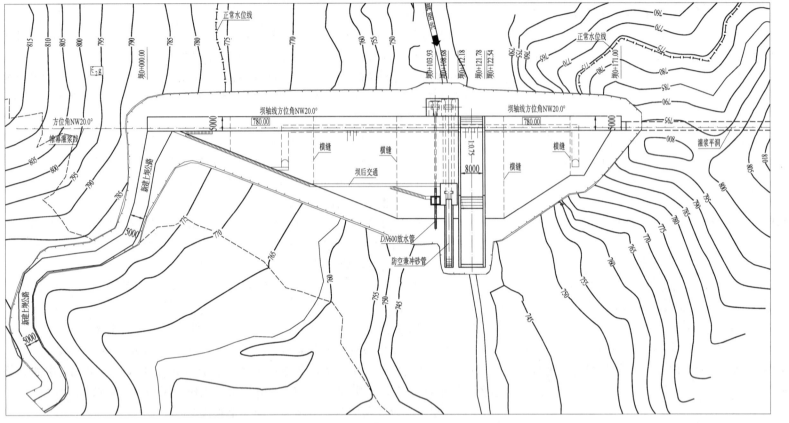

大坝下游立视图 1:1000

工程特性表

序号	项目	单位	数量	备注
一、水文				
①	校核洪水位	m	778.62	P=0.5%
②	相应设计下泄流量	m³/s	67.9	
③	相应下游水位	m	744.20	
④	设计洪水位	m	777.97	P=3.33%
⑤	相应设计下泄流量	m³/s	44.3	
⑥	相应下游水位	m	743.63	
⑦	正常蓄水位	m	776.00	
⑧	死水位	m	750.00	
⑨	坝前淤沙高程	m	746.57	
⑩	总库容	万 m³	170.0	
⑪	兴利库容	万 m³	127.5	
⑫	死库容	万 m³	3.47	
二、大坝				
①	坝型		碾压混凝土重力坝	
②	坝顶高程	m	780.00	
③	最大坝高	m	47.0	
④	坝顶长度	m	171.0	
⑤	坝顶宽度	m	5.0	
⑥	坝底最大宽度	m	35.75	
三、泄洪表孔				
①	堰型		WES堰型，无闸	
②	净宽	m	8.0	
③	堰顶高程	m	776.00	
④	消能方式		底流消能	
四、取水口				
①	进口底板高程	m	747.00	
②	进口检修闸门尺寸(宽×高)	m×m	1.5×1.5	平板闸门
③	坝内埋钢管管径	mm	600	壁厚8mm
④	出口工作闸阀	个	1	D=6000
五、放空兼冲沙底孔				
①	进口底板高程	m	746.00	
②	进口检修闸门尺寸(宽×高)	m×m	2.0×2.0	平板闸门
③	坝内埋置C20钢筋混凝土管管径	mm	2000	壁厚1.0m
④	出口工作闸门尺寸(宽×高)	m×m	2.0×1.5	弧形闸门

说明：本图尺寸除高程、坐标、桩号以 m 计，其余均以 mm 计。

（工程设计单位）		
审定	（工程名称）	可研 阶段
审查		水工 部分
校核		重力坝设计图
设计		
比例	证书编号	
日期	图号	

图 2.21 重力坝设计图

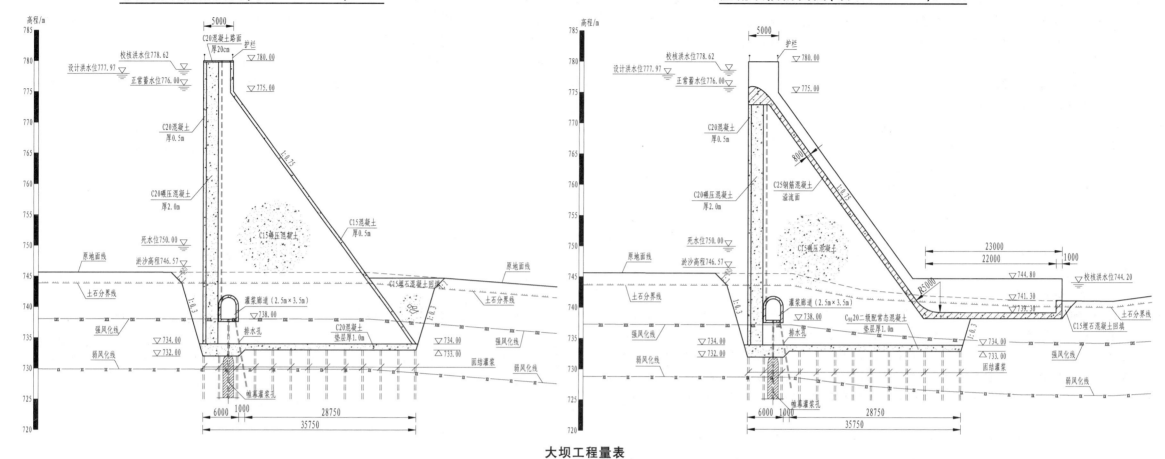

非溢流坝段剖面图(坝0+122.54) 1:500

溢流坝段剖面图(坝0+117.04) 1:500

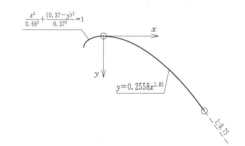

溢流堰大样图 1:100

$$\frac{x^2}{0.66^2}+\frac{(0.37-y)^2}{0.37^2}=1$$

$$y=0.2558x^{1.85}$$

堰顶下游幂曲线方程坐标值

x/m	0.0	0.5	1.0	1.5	2.0	2.5	3.0	3.38
y/m	0.0	0.07	0.26	0.54	0.92	1.39	1.95	2.43

大坝工程量表

序号	项目名称	单位	数量	备注
1	覆盖层开挖	m³	4000	河床段
2	石方开挖	m³	20400	
3	覆盖层开挖	m³	4300	岸坡段
4	石方开挖	m³	53200	
5	C20 混凝土	m³	2630	
6	C20 碾压混凝土	m³	10530	
7	C15 碾压混凝土	m³	65700	
8	C20 混凝土垫层	m³	4500	岸坡段
9	C20 混凝土垫层	m³	1810	河床段
10	C15 混凝土	m³	2950	
11	C25 钢筋混凝土预制顶拱	m³	260	廊道
12	C20 钢筋混凝土边墙及底板	m³	450	
13	C20 混凝土路面(厚 200m)	m²	870	
14	C15 埋石混凝土回填	m³	3470	
15	铜片止水	m	360	
16	喷 C20 混凝土(厚 100cm)	m³	140	
17	φ 25 锚杆(长 4.5m)	根	100	
18	固结灌浆	m	6970	
19	钢筋制安	t	71	
20	排水孔	m	3260	

溢洪道工程量表

序号	项目名称	单位	数量	备注
1	C25 钢筋混凝土边墙	m³	530	
2	C25 钢筋混凝土溢流面及底板	m³	580	
3	钢筋制安	t	88	

说明:本图尺寸除高程、坐标、桩号以 m 计,其余均以 mm 计。

（工程设计单位）		
审定	（工程名称）	可研　阶段
审查		水工　部分
校核		**重力坝横剖面设计图**
设计		
比例		证书编号
日期		图号

图 2.22　重力坝横剖面设计图

（3）溢流坝剖面图（图2.22）识读。表达出溢流坝段剖面形状，包括上游面形状、溢流坝面曲线、消能方式；上游面表达了各特征水位高程、坝顶高程和堰顶高程。图中还表达了坝底高程、坝底宽、坝基帷幕灌浆和固结灌浆位置及深度、坝基开挖边坡坡比、大坝基础材料等内容。

从溢流坝剖面图中主要读出以下信息。

1）溢流坝段剖面图剖切面在坝0+117.04处，比例1:500。

2）大坝特征水位。设计洪水位777.97m，校核洪水位778.62m，正常蓄水位776.00m，死水位750.00m。

3）溢流堰为WES型实用堰，由上游面曲线、下游面曲线、直线段、反弧段组成，堰顶高程为776.00m，溢流面采用C25钢筋混凝土浇筑。工程采用底流消能，消力池的底板高程为739.30m。

3. 综合整理

通过对相关图纸的深入阅读和分析，将各部分的内容综合整理，读出该水库枢纽设计图主要内容如下：

该工程总体布置为：大坝＋坝顶表孔泄洪＋放水设施（放水管和放空兼冲砂管）。

大坝为碾压混凝土重力坝，坝轴线方位NW20.0°，大坝长171.00m，其中非溢流坝段长161.40m，溢流坝段长9.60m。坝顶高程780.00m，坝顶宽5.00m，最大坝高47.00m，最大坝底厚35.75m。溢洪道布置于坝顶中部，采用表孔泄洪，堰顶高程776.00m，溢流堰净宽8.00m，两边设有厚度为0.80m的边墙，采用底流消能。重力坝上游垂直，下游坡比为1:0.75。坝体主体材料为C15碾压混凝土，在大坝上游采用C20碾压混凝土，溢流坝面采用C25钢筋混凝土。

放水建筑物由放水管和放空兼冲砂管组成。上游进水口设置拦污栅和检修平板闸门。放水管采用管径为600mm的钢管放水，并在下游设置闸阀室，室内安装管径600mm的闸阀一个。放空兼冲砂管采用管径为2.00m的C20钢筋混凝土管放水，并在下游设置闸阀室，弧形工作闸门一扇。

任务2.6 拱坝认识及图纸识读

2.6.1 拱坝的认识

拱坝是在平面上呈凸向上游的拱形挡水建筑物。拱坝坝体的稳定主要利用拱端基岩来支承，是一种经济性和安全性都较好的坝型，但对坝区工程地形，地质条件要求较高。

2.6.1.1 拱坝的分类

按照不同的分类方法，拱坝可分为许多种类，常见的分类方法有以下几种。

（1）按坝高划分，拱坝分为：①低坝，即坝高小于30m的拱坝；②中坝，即坝高为30～70m的拱坝；③高坝，即坝高大于70m的拱坝。

（2）按水平拱圈形式划分，拱坝分为：①单圆心拱；②多心拱；③抛物线拱；④椭圆拱；⑤对数螺旋线拱。

（3）按拱坝垂直向曲率划分，拱坝分为：①单曲拱坝，即在垂直向上无曲率或基本无曲

率的拱坝；②双曲拱坝，即水平向及竖向均弯曲的拱坝，在坝底部上游侧有倒悬。

（4）按建筑材料划分，拱坝分为：①砌石拱坝；②混凝土拱坝；③钢筋混凝土拱坝。

2.6.1.2 拱坝的构造及作用

拱坝的构造包括坝顶、缝、廊道与交通、止水和排水等。

（1）坝顶。拱坝坝顶结构形式和尺寸应按使用要求决定。溢流坝段坝顶工作桥和交通桥的布置必须满足泄洪、闸门启闭、运行操作、交通、检修等要求。

（2）横缝与纵缝。拱坝是整体结构，为便于施工以及混凝土散热、防止混凝土产生裂缝，需分段浇筑，各段之间设有横缝和纵缝，待坝体混凝土冷却达到稳定温度后再灌浆封拱，形成整体。

（3）廊道与交通。为满足拱坝灌浆、排水、观测、检查和交通等要求，拱坝坝体可设置廊道。对于高拱坝还应布置多层廊道。若拱坝厚度较薄、高度不大，可以不设多层廊道，而设置坝后桥，作为观测、检修以及坝上交通之用。

（4）止水和排水：拱坝横缝上游侧应埋设止水片。止水片距上游面一般为0.2～0.5m。拱坝坝体一般需设置竖向排水管，与纵向廊道相接通，排除渗水。

2.6.1.3 拱坝的泄洪

拱坝泄洪方式的选择，应根据泄洪量的大小，结合工程具体情况确定。除有明显合适的岸边溢洪道外，应首先考虑通过坝身泄洪的可行性。但由于下泄水流向心集中且拱坝坝体较薄，所以应特别重视消能防冲。坝身泄洪常见方式有以下几种。

（1）自由跌落式：水流通过坝顶后，自由跌入下游河床，结构简单，施工方便。

（2）鼻坎挑流式：为了使泄水跌落点远离坝脚，常在溢流堰顶曲线末端以反弧段连接成为挑流鼻坎。该方式挑距较远，有利于坝体安全。

（3）滑雪道式：滑雪道泄水建筑物是拱坝枢纽特有的一种泄洪方式，溢流堰由堰顶曲线、泄槽、挑流鼻坎等部分组成。

（4）坝身泄水孔式：坝身泄水孔是指位于水面以下一定深度的中孔或底孔。中孔多用于泄洪，底孔多用于放空水库、排沙、辅助泄洪及施工导流等。

2.6.1.4 拱坝的消能与防冲

拱坝通过坝体泄洪时，下泄水流离坝脚接近，冲坑较深，影响坝体安全。常见的消能方式有挑流消能、跌流消能、底流消能。拱坝下游一般还需采取防冲加固措施，如设护坦、护坡、二道坝等。

2.6.2 拱坝图纸识读

识读水利工程图一般由枢纽布置图到建筑结构图，先整体后局部、先看主要结构再看次要结构、先粗后细逐步深入。

1. 概括了解

从标题栏、工程特性表和图样上的说明中，了解本图纸设计所处阶段以及枢纽中各建筑物的名称、作用、尺寸单位、绘图比例等内容。

分析枢纽中建筑物各部分采用了哪些表达方法，分析各视图的视向，剖视、断面的剖切位置、投影方向、详图的索引部位和名称。

2. 深入阅读

概括了解之后，需进一步仔细阅读，了解每个图所表达的主要内容，根据这些内容进行形体分析，读懂建筑物的形状、构造、尺寸、材料等内容。

3. 综合整理

通过对平面图、立面图、剖面图等识读，总结归纳，综合整理，对枢纽及枢纽中各建筑物的大小、形状、位置、结构、材料、功能有一个完整、清晰的了解。

【案例 2.6】 贵州省芙蓉江×××水电站水库枢纽设计图识读。

工程概况：×××水电站位于贵州省正安县境内，该电站距县城 33km，距镇 13km，该水电站为坝后式电站，主要任务是水力发电，向所在电网供电。芙蓉江是乌江水系左岸最大的一级支流，发源于贵州省绥阳县黄枧区黄枧村，流经绥阳、正安、道真三县，进入重庆后汇入乌江。全流域面积 7406km²。芙蓉江全长 231.2km，总落差 1075m；贵州省境内河长 195km，落差 971.1m。芙蓉江流域水系发育，1000km² 以上的主要支流有清溪、三江和梅江。×××水电站是芙蓉江干流贵州省境内九级开发的第三级电站。库区位于芙蓉江上游河段。

1. 概括了解

图 2.23～图 2.26 所示为一水利枢纽工程图。从标题栏和图样上的说明中了解建筑物的名称、绘图比例、尺寸单位等内容。

该枢纽图属于贵州省×××水电站工程初步设计阶段的水工部分。图纸包括：工程总体布置图（图 2.23）、大坝枢纽布置图（图 2.24，含大坝下游立视图）、大坝剖面图（图 2.25）、发电引水隧洞设计图（图 2.26）。

该枢纽主体由挡水建筑物、泄水建筑物、发电引水建筑物及发电厂房、升压站等组成。

（1）挡水建筑物。该挡水建筑物为混凝土单曲拱坝，由溢流坝段、非溢流坝段组成。非溢流坝段用于拦截河水，抬高上游水位形成水库；溢流坝段由溢流坝面曲线、闸墩、边墩、工作桥等组成。在高程 596.40m 的堰顶设有弧形闸门可控制泄洪。

（2）泄水建筑物。泄水建筑物选择坝顶表孔泄洪，分 3 孔，分别设有弧形闸门。溢流堰为 WES 型实用堰，由上游面曲线、下游面曲线和下游反弧挑流消能段组成。表孔溢流面采取混凝土浇筑。

（3）引水建筑物。引水系统主要由取水口、发电引水隧洞、压力钢管、厂房、升压站组成。采用一洞两机的供水方式。

（4）发电厂房及升压站。厂房为地面式厂房，由主厂房、副厂房、升压站等组成，主要作用是引水发电。

2. 深入阅读

（1）工程总体布置图识读。

工程总体布置图主要表达工程的总体布局、控制点坐标，以及地形、地貌、河流、指北针等内容。

由工程总体布置图（图 2.23）中，主要读出以下信息：

1）工程主要建筑物有挡水建筑物、泄水建筑物、发电引水建筑物、发电厂房、升压

站等。

2）大坝坝型为混凝土单曲拱坝，拱坝中心线方位角 N79.12°W，顶拱中心角 94.69°。

3）大坝中部泄洪表孔位置设 4.0m 宽的交通桥连接左右岸，桥面高程 613.50m。

4）发电引水建筑物从上游至下游依次由取水口、发电引水隧洞和压力钢管组成。

5）发电厂房为地面式厂房。主厂房大门外设回车场，回车场地面高程 583.80m。

6）施工导流隧洞布置在左岸。

7）从工程特性表中可知本工程工程量等工程特性。

8）从控制点坐标表可知各控制点的位置和坐标，便于施工时进行测量控制和施工放样。

（2）大坝枢纽平面布置图识读（图 2.24）。

大坝枢纽布置图主要表达地形、地貌、河流、指北针、坝轴线位置、道路以及枢纽中各建筑物的平面位置关系、建筑物与地面的连接关系、主要高程和主要轮廓尺寸。

从大坝枢纽布置图（图 2.24）中主要读出以下信息：

1）从图中地形等高线可知坝址地形，两岸坡度较陡，为狭长形水库。根据指北针和水流符号可知轴线方向和水流方向。

2）大坝坝型为混凝土单曲拱坝，拱坝中心线方位角 N79.12°W，顶拱中心角 94.69°。

3）坝顶高程 613.50m，坝顶宽 4m，坝顶轴线弧长 133.86m。

4）溢洪道布置于坝顶中部，采用表孔泄洪，溢流堰净宽 42m，分 3 孔，采用挑流消能。

5）发电引水系统取水口布置在大坝上游右岸，进口底板高程为 592.00m。

（3）大坝下游立视图识读（图 2.24）。

大坝下游立视图主要表达大坝的下游立面外形、主要部位的高程及沿轴线的长度尺寸、下游坝坡与地面的连接关系等内容。并注有图形名称，比例、沿高度方向比例尺及绘图单位。

从大坝下游立视图中主要读出以下信息：

1）坝顶高程 613.50m，坝顶轴线弧长 133.86m。最大坝高 53.50m，属中坝。

2）挡水坝全长 133.86m，分为非溢流坝段和溢流坝段两部分。左、右岸非溢流坝段长分别为 32.54m 和 25.54m；溢流坝段长 54.92m。

3）河床坝段建基面高程 560.00m，大坝基础河床开挖深度约 8m，左、右坝肩嵌深 6～8m。

4）大坝坝身设 5 条横缝，将坝体分为 6 个坝段，坝段长度 15～30m。

5）泄水建筑物选择坝顶表孔泄洪，溢流前缘净宽 42m，堰顶高程 596.40m，分 3 孔，分别设孔口尺寸 14m×12m（宽×高）的弧形钢闸门。

6）施工导流洞在坝的左岸，为城门洞型结构，尺寸为 6m×8.1m。

（4）大坝剖面图识读（图 2.25）。

大坝剖面图表达溢流坝段、非溢流坝段的剖面形状、构造、各部分高程、尺寸及材料等内容。

1）溢流坝段。溢流坝段剖面图（图 2.25）表达出溢流坝段剖面形状，包括上游面形状、溢流坝面曲线、挑流圆弧等；上游面给出了各特征水位高程，坝顶采用示意和省略画法表达

工程总体布置图 1:1000

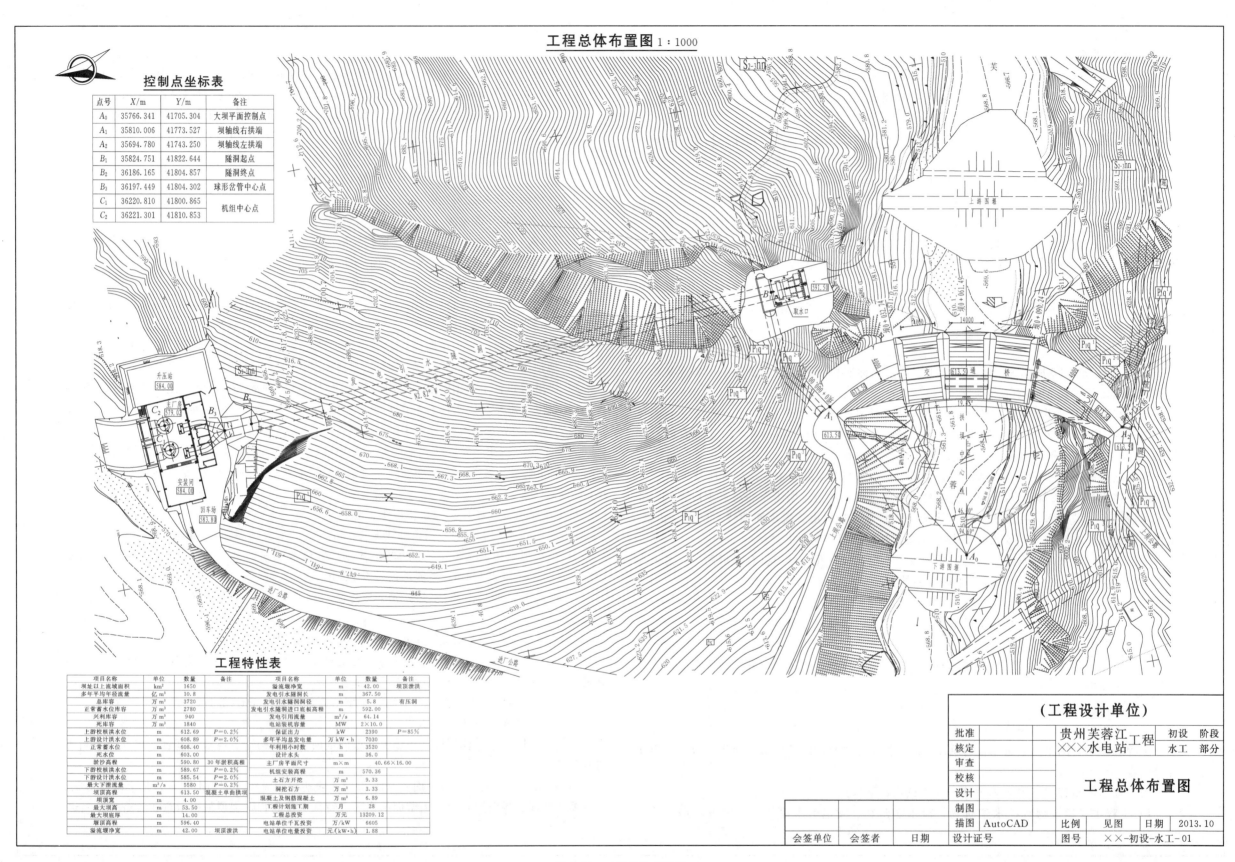

控制点坐标表

点号	X/m	Y/m	备注
A_0	35766.341	41705.304	大坝平面控制点
A_1	35810.006	41773.527	坝轴线右拱端
A_2	35694.780	41743.250	坝轴线左拱端
B_1	35824.751	41822.644	隧洞起点
B_2	36186.165	41804.857	隧洞终点
B_3	36197.449	41804.302	球形岔管中心点
C_1	36220.810	41800.865	机组中心点
C_2	36221.301	41810.853	

工程特性表

项目名称	单位	数量	备注	项目名称	单位	数量	备注
坝址以上流域面积	km²	1650		溢流堰净宽	m	42.00	坝顶溢洪
多年平均年径流量	亿 m³	10.8		发电引水隧洞长	m	367.50	
总库容	万 m³	3720		发电引水隧洞洞径	m	5.8	有压洞
正常蓄水位库容	万 m³	2780		发电引水隧洞进口底板高程	m	592.0	
兴利库容	万 m³	940		发电引用流量	m³/s	64.14	
死库容	万 m³	1840		电站装机容量	MW	2×10.0	
上游校核洪水位	m	612.69	P=0.2%	保证出力	kW	2390	P=85%
上游设计洪水位	m	608.89	P=2.0%	多年平均总发电量	万 kW·h	7030	
正常水位	m	608.40		年利用小时数	h	3520	
死水位	m	603.00		设计水头	m	36.0	
淤沙高程	m	590.80	30年淤积高程	主厂房平面尺寸	m×m	40.66×16.00	
下游校核洪水位	m	589.67	P=0.2%	机组安装高程	m	570.36	
下游设计洪水位	m	585.54	P=2.0%	土石方开挖	万 m³	9.33	
最大下泄流量	m³/s	5580	P=0.2%	洞挖石方	万 m³	3.33	
坝顶高程	m	613.50		混凝土及钢筋混凝土	万 m³	6.89	
坝顶宽	m	4.00		工程计划施工期	月	28	
最大坝高	m	53.50		工程总投资	万元	13209.12	
最大坝底厚	m	14.00		电站单位千瓦投资	万元/kW	6605	
坝顶高程	m	596.40		电站单位电量投资	元/(kW·h)	1.88	
溢流堰净宽	m	42.00	坝顶溢洪				

混凝土单曲拱坝

(工程设计单位)

		贵州芙蓉江 工程	初设 阶段
批准		×××水电站	水工 部分
核定			
审查			
校核		**工程总体布置图**	
设计			
制图			
	描图	AutoCAD	比例	见图	日期	2013.10
会签单位	会签者	日期	设计证号		图号	××-初设-水工-01

图 2.23　工程总体布置图

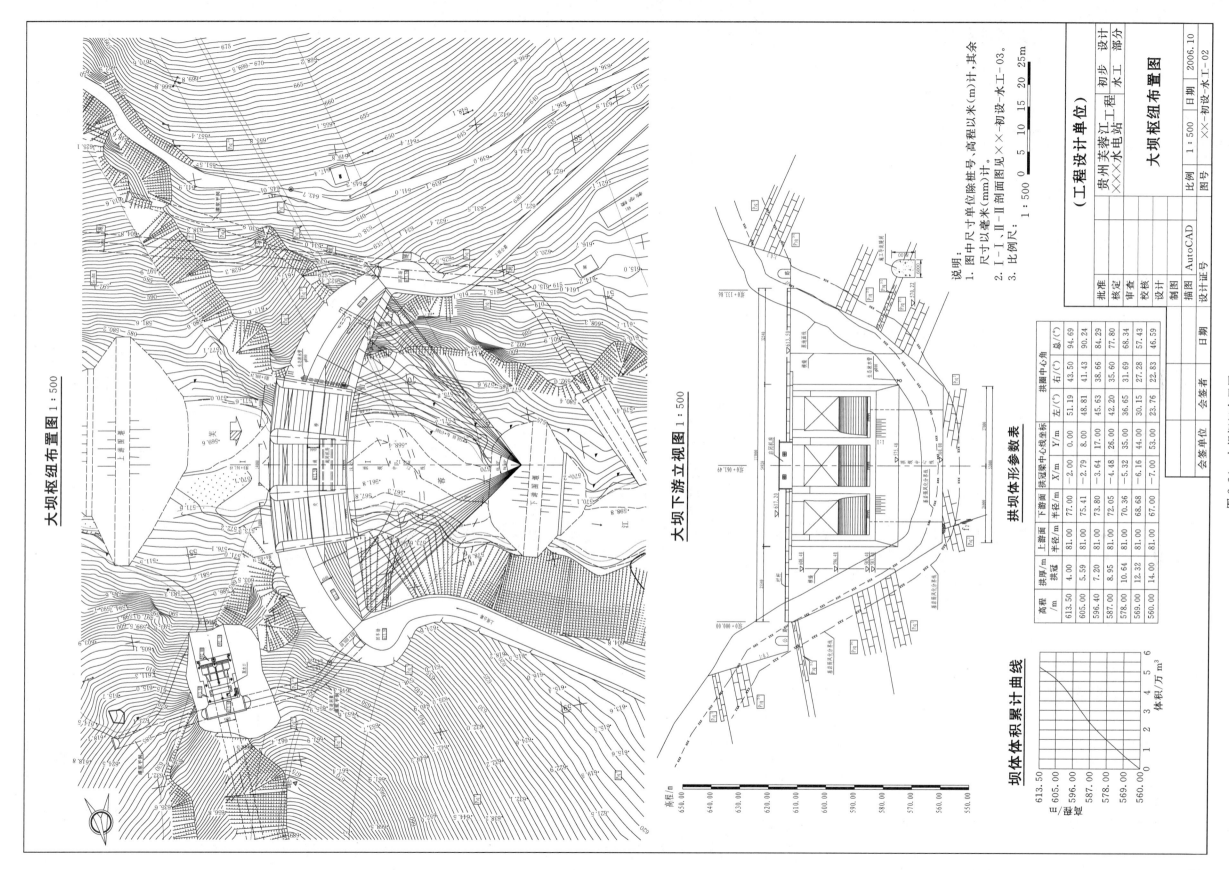

大坝枢纽布置图 1:500

大坝下游立视图 1:500

拱坝体形参数表

高程 /m	上游面 半径/m	拱冠	下游面 半径/m	拱冠	拱厚/m	拱冠梁中心线坐标		拱圈中心角		
						X/m	Y/m	左/(°)	右/(°)	总/(°)
613.50	81.00	4.00	77.00		4.00	-2.00	0.00	51.19	43.50	94.69
605.00	81.00	5.59	75.41		5.59	-2.79	8.00	48.81	41.43	90.24
596.40	81.00	7.20	73.80		7.20	-3.64	17.00	45.63	38.66	84.29
587.00	81.00	8.95	72.05		8.95	-4.48	26.00	42.20	35.60	77.80
578.00	81.00	10.64	70.36		10.64	-5.32	35.00	36.65	31.69	68.34
569.00	81.00	12.32	68.68		12.32	-6.16	44.00	30.15	27.28	57.43
560.00	81.00	14.00	67.00		14.00	-7.00	53.00	23.76	22.83	46.59

坝体体积累计曲线

（工程设计单位）

	贵州芙蓉江工程	初步	设计
	×××水电站	水工	部分

大坝板纽布置图

图号 ××-初设-水工-03。

批准			
核定			
审查			
校核			
设计			
制图		AutoCAD	
设计证号		会签者	日期
	会签单位	会签者	日期

比例	1:500	图号	××-初设-水工-02
日期	2006.10		

图 2.24 大坝板纽布置图

说明：
1. 图中尺寸单位除桩号、高程以米（m）计，其余尺寸以毫米（mm）计。
2. I-I、II-II剖面图见××-初设-水工-03。
3. 比例尺：1:500

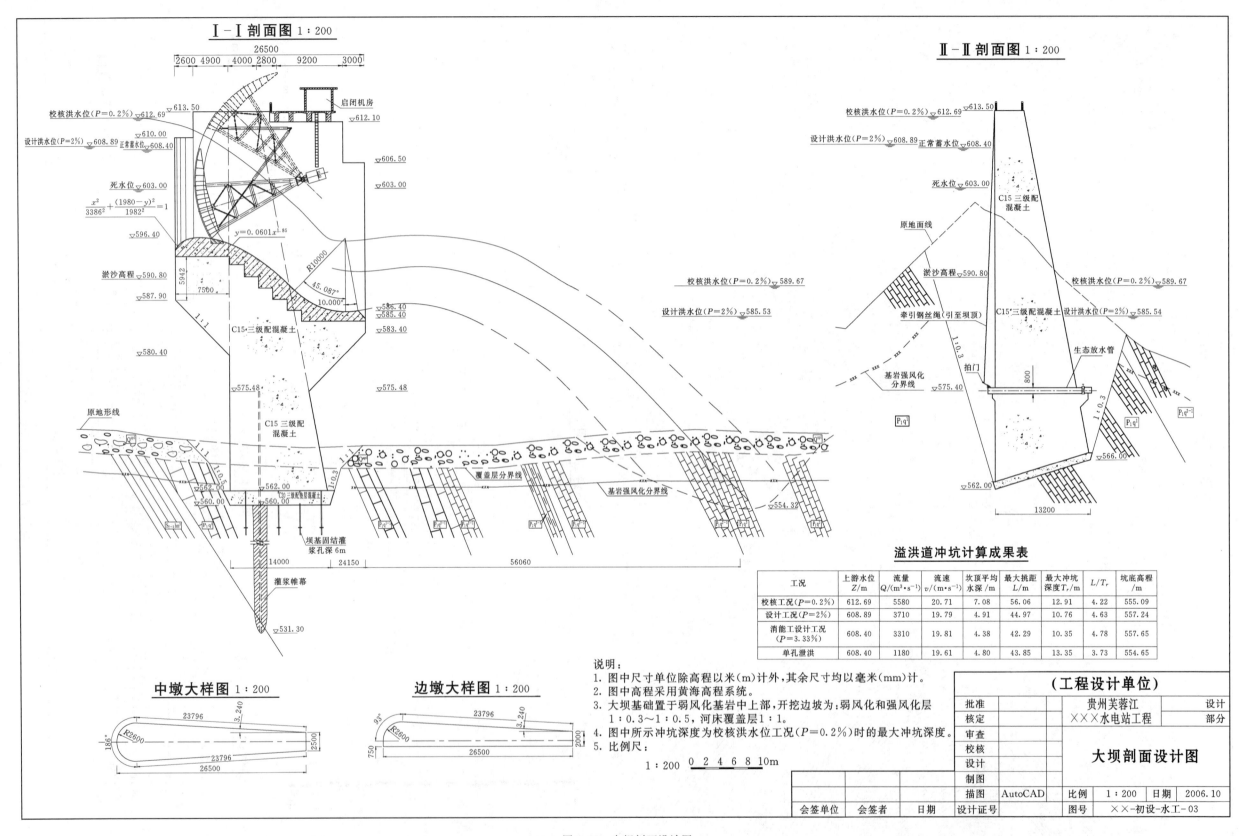

溢洪道冲坑计算成果表

工况	上游水位 Z/m	流量 Q/(m³·s⁻¹)	流速 v/(m·s⁻¹)	坎顶平均水深/m	最大挑距 L/m	最大冲坑深度 T_r/m	L/T_r	坑底高程/m
校核工况($P=0.2\%$)	612.69	5580	20.71	7.08	56.06	12.91	4.22	555.09
设计工况($P=2\%$)	608.89	3710	19.79	4.91	44.97	10.76	4.63	557.24
消能工设计工况 ($P=3.33\%$)	608.40	3310	19.81	4.38	42.29	10.35	4.78	557.65
单孔泄洪	608.40	1180	19.61	4.80	43.85	13.35	3.73	554.65

说明:
1. 图中尺寸单位除高程以米(m)计外,其余尺寸均以毫米(mm)计。
2. 图中高程采用黄海高程系统。
3. 大坝基础置于弱风化基岩中上部,开挖边坡为:弱风化和强风化层 1:0.3～1:0.5,河床覆盖层1:1。
4. 图中所示冲坑深度为校核洪水位工况($P=0.2\%$)时的最大冲坑深度。
5. 比例尺:

(工程设计单位)			
批准		贵州芙蓉江	设计
核定		×××水电站工程	部分
审查			
校核		**大坝剖面设计图**	
设计			
制图			
描图	AutoCAD	比例 1:200	日期 2006.10
会签单位	会签者	日期	设计证号	图号 ××-初设-水工-03

图 2.25 大坝剖面设计图

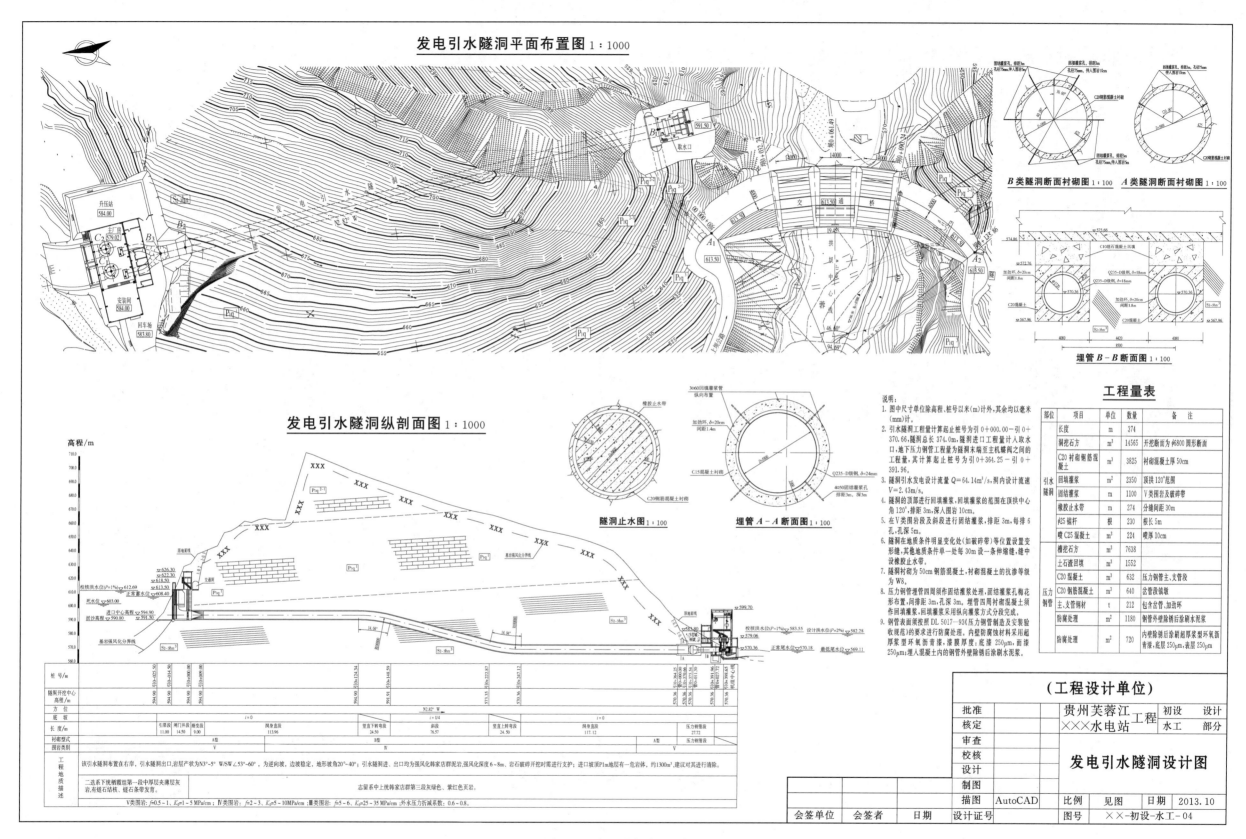

图 2.26 发电引水隧洞设计图

图 2.27　贵州芙蓉江×××水电站工程拱坝左坝肩实景照片

图 2.28　贵州芙蓉江×××水电站工程拱坝下游实景照片

了闸门和启闭机房，并标注了坝顶高程和堰顶高程。坝体上游边离轴线的位置尺寸、下游挑流鼻坎距坝轴线位置尺寸均可从图中读出。沿闸墩下游边线设置了交通桥。图中还表达了坝底高程、坝底宽、坝基帷幕灌浆和固结灌浆位置及深度、坝基开挖边坡坡比、大坝基础材料等内容。

从溢流坝剖面图中主要读出以下信息：

a. 溢流坝段剖面图剖切面通过中间闸空的中心线剖切（图 2.24），图名是 Ⅰ-Ⅰ 剖面图，比例为 1∶200。

b. 大坝特征水位。包括设计洪水位、校核洪水位、正常蓄水位、死水位等。

c. 溢流堰为 WES 型实用堰，由上游面曲线、下游面曲线和下游反弧挑流消能段组成。堰顶高程为 596.40m，采用挑流消能，反弧半径为 10m，挑射角为 10°，挑流鼻坎顶高程为 586.40m。

d. 坝体材料为 C15 三级配混凝土。

e. 大坝基础河床开挖深度约 8m，河床坝段建基面高程 560.00m，最大坝高 53.50m，最大坝底宽 14m。开挖边坡基岩 1∶0.3～1∶0.5，土质边坡 1∶1。

2）非溢流坝段。非溢流坝段剖面图（图 2.25）可表达出非溢流坝段剖面形状，剖切面位置在左岸边墩处（图 2.24），还表达出坝顶高程、坝顶宽度、坝体材料、坝基与地面的交线等。

从非溢流坝段剖面图中主要读出以下信息：

a. 非溢流坝段剖面图剖切面左岸边墩处（图 2.24）图名是 Ⅱ-Ⅱ 剖面图，比例为 1∶200。

b. 大坝特征水位。包括设计洪水位、校核洪水位、正常蓄水位、死水位等。

c. 坝顶高程为 613.50m，坝顶宽 4m，坝底高程 562.00m，坝底宽 13.20m。

d. 坝体材料为 C15 三级配混凝土。

e. 基础上下游开挖坡比为 1∶0.3。

（5）发电引水隧洞设计图识读（图 2.26）。发电引水系统设计图主要包括发电引水隧洞平面布置图、发电引水隧洞纵剖面图以及断面图。图中表达了厂房的位置布置、供水方式、发电引水建筑物之间的关系以及各发电引水建筑物的形状、构造和尺寸等内容。

从发电引水隧洞设计图主要读出以下信息：

1）发电引水系统布置在右岸，引水建筑物从上游至下游依次由取水口、发电引水隧洞和压力钢管组成。

2）取水口采用岸塔式进水口，长 25.5m（含引水渠）。取水口底板高程 592.00m，中心轴线方位角 N2.82°W，在闸顶高程 613.50m 设启闭排架及启闭机室。

3）隧洞全长 367.50m，采用圆形断面，洞径为 5.8m，全部采用 C20 钢筋混凝土衬砌，衬砌厚度 0.5m。

4）压力钢管主管管径为 5.8m，支管管径为 3.2m。安装后采用 C20 混凝土回填，管顶 120°范围进行回填灌浆。

5）发电厂房布置于大坝下游约 400m 处牛都坝吊桥下游侧右岸边，为地面式厂房。

6）发电机层地面高程 579.06m，水轮机安装高程 570.36m。主厂房平面尺寸 40.66m×16.00m（长×宽），副厂房紧靠主厂房后侧布置，其尺寸为 29.34m×7.44m（长×宽）。主

厂房大门外设回车场，回车场地面高程 583.80m。

7）升压站紧靠主副厂房下游侧布置，平面尺寸 32m×15m（长×宽），地面高程 584.00m。

3. 综合整理

通过对相关图纸的仔细阅读和分析，将各部分的内容综合整理，读出该水库枢纽设计图主要内容如下。

该工程总体布置为：大坝＋坝顶表孔泄洪＋右岸发电引水系统＋右岸地面厂房。

大坝坝型为混凝土单曲拱坝，拱坝中心线方位角 N79.12°W，坝顶高程 613.50m，坝顶宽 4m，最大坝高 53.50m，最大坝底厚 14m，顶拱中心角 94.69°，坝顶轴线弧长 133.86m。溢洪道布置于坝顶中部，采用表孔泄洪，堰顶高程 596.40m，溢流堰净宽 42m，设 3 扇 14m×12m 弧形工作钢闸门，采用挑流消能。

发电引水系统取水口布置在大坝上游右岸，采用一洞两机供水方式，取水口离大坝右坝肩上游约 30m，长 25.5m（含引水渠），进口设两扇 4.2m×10.0m 拦污栅和 1 扇 5.8m×5.8m 事故检修闸门及相应的启闭设备，进口底板高程 592.00m，经长 367.50m、洞径 5.8m 的有压隧洞及长 29.46m 的压力钢管输水至发电厂房。

厂房为地面式，主厂房平面尺寸 40.66m×16.00m（长×宽），发电尾水经尾水渠排入芙蓉江；副厂房布置于主厂房后侧，平面尺寸 29.34m×7.44m（长×宽）；升压站紧靠主副厂房下游侧布置，平面尺寸 32m×15m（长×宽），地面高程 584.00m。跨河交通桥接右岸进厂公路，主厂房大门外设回车场，回车场地面高程 583.80m。

该工程土石方开挖 9.33 万 m³，洞挖石方 3.33 万 m³，混凝土及钢筋混凝土 6.89 万 m³，工程总投资 13209.12 万元。工程的实景照片如图 2.27 和图 2.28 所示。

任务 2.7　钢筋认识及图纸识读

在水利工程中普遍采用混凝土及钢筋混凝土结构，根据 SL 191—2008《水工混凝土结构设计规范》的相关规定，混凝土的抗拉强度为抗压强度的 1/10～1/18，可知混凝土的抗压强度较高，抗拉能力较低。混凝土在受弯、受拉等情况下极易产生断裂，因此在水工混凝土构件中配置一定数量的钢筋来承受拉力，增强混凝土结构的抗拉、抗扭能力。水工建筑中配有钢筋的混凝土称为钢筋混凝土，而用钢筋混凝土制成的各种结构称为钢筋混凝土结构。当钢筋混凝土结构图主要表达钢筋时，简称为钢筋图。

2.7.1　钢筋的认识

1. 钢筋的品种和级别

在 GB 50010—2010《混凝结构设计规范》中，我国建筑采用的钢筋，按其产品种类不同分别给予不同的品种及级别，其符号也不同，详见表 2.1。

2. 钢筋的作用和分类

我国常见钢筋外形有光圆钢筋、带肋钢筋（月牙纹、螺纹、人字纹等），如图 2.29 所示。根据钢筋在钢筋混凝土的构件中的作用不同，钢筋可分为受力钢筋、分布钢筋、箍筋、架立钢筋、弯起钢筋、腰筋及拉筋，如图 2.30 所示。

表 2.1　普通钢筋强度标准值

牌号	符号	公称直径 d/mm	屈服前度标准值 F_{yk}/(N·mm⁻²)	极限强度标准值 f_{stk}/(N·mm⁻²)
HPB300	Φ	6～22	300	420
HRB335 HRBF335	Φ ΦF	6～50	335	455
HRB400 HRBF400 RRB400	Φ ΦF ΦR	6～50	400	540
HRB500 HRBF500	Φ ΦF	6～50	500	630

注　H、P、R、B、F 分别为热轧（Hotrolled）、光圆（Plain）、带肋（Ribbed）、钢筋（Bars）、细粒（Fine）5 个词的英文首位字母。

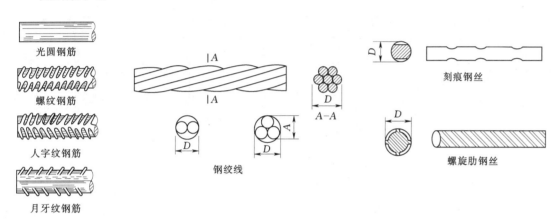

图 2.29　我国常见钢筋外形

（1）受力钢筋。主要用来承受结构内的拉力，如图 2.30（a）、（b）所示，也可以用来承受压力，如图 2.30（c）所示。

（2）分布钢筋。多用在钢筋混凝土板内，如图 2.30（b）所示，分布钢筋与板的受力钢筋垂直分布，将外力均匀地传给受力钢筋，并固定受力钢筋的正确位置，使受力钢筋与分布钢筋组成一个共同受力的钢筋网。

（3）箍筋。多用在钢筋混凝土梁、柱等中，如图 2.30（a）、（c）所示。主要用来固定受力钢筋的位置，并使钢筋形成坚固的骨架，箍筋可以承受部分拉力和剪力等。

（4）架立钢筋。一般使用于梁内，如图 2.30（a）所示。用来使受力钢筋和箍筋保持正确位置，以形成骨架。

（5）弯起钢筋。弯起钢筋在跨中附近和纵向受拉钢筋一样可以承担正弯矩；在支座附近弯起后，其弯起段可以承受弯矩和剪力共同产生的主拉应力；弯起后的水平段有时还可以承受支座处的负弯矩。

（6）腰筋及拉筋，总称为腹筋。腹板高度 $h_w \geqslant 450$mm 时，每隔 300～400mm 设置纵向"腰筋"和固定腰筋的拉筋。设置适量的腰筋和拉筋，与钢筋骨架中的箍筋绑扎在一起形成

一个整体，有效地约束钢筋骨架的变形，增大了钢筋骨架的侧向刚度和稳定性，如图 2.30（a）所示。

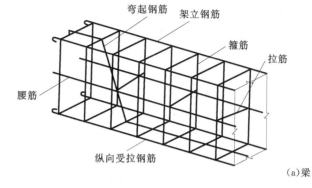

(a)梁

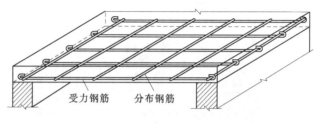

(b)板

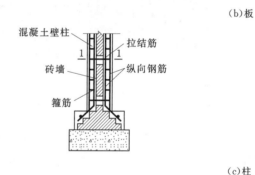

(c)柱

图 2.30　钢筋的分类

3. 钢筋端部的弯钩

为了提高钢筋与混凝土之间的结合力，一般将光面钢筋的端部做成弯钩，弯钩的形成和尺寸如图 2.31 所示。

4. 钢筋的混凝土保护层

混凝土保护层是指混凝土结构构件中最外层钢筋（构造钢筋、分布钢筋等）的外缘计算混凝土保护层厚度，简称保护层。

为了防止结构中钢筋锈蚀，保证结构构件的耐久性，并保证钢筋和混凝土紧密黏结在一起，最外层钢筋的外边缘至结构表面应有一定厚度的混凝土，这一层混凝土称为钢筋的混凝土保护层，保护层的厚度根据不同结构、尺寸、工程条件和混凝土的强度等级而不同。保护层的厚度一般为 15～50mm，如图 2.32 所示。

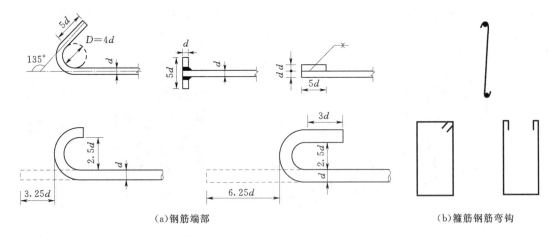

(a)钢筋端部

(b)箍筋钢筋弯钩

图 2.31 弯钩的形成和尺寸示意图

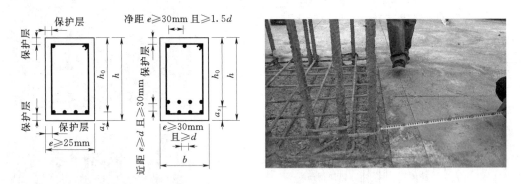

图 2.32 保护层示意图

加以编号，每类（型式、规格、长度均相同）的钢筋只编制一个号。编号字体规定用阿拉伯数字，编号小圆圈和引出线为辅助线，采用细实线。指向钢筋的引出线可能混淆时用箭头或细短斜线指明，如图 2.33（a）中的箍筋；不会混淆时可以不加箭头或细短斜线，如图 2.33 中的受力钢筋和架立筋；指向钢筋截面的小黑圆点的引出线不画箭头，如图 2.33（b）所示。

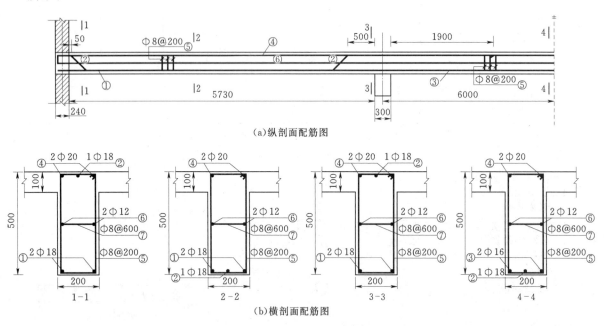

(a)纵剖面配筋图

(b)横剖面配筋图

图 2.33 某梁钢筋的配筋图

2.7.2 钢筋图识读

识读钢筋图的目的是为了弄清楚结构内部钢筋的布置情况，以便进行钢筋的下料、加工和绑扎（焊接）成型。看图时必须注意图上的标题栏、有关说明，先弄清楚结构的外形，其次按钢筋的编号次序，逐根看懂钢筋的位置、形状、种类、直径、数量和长度等。要结合视图、剖面图、钢筋编号和钢筋表一起识读。

1. 概括了解

钢筋图的主要作用是表达钢筋的布置情况。钢筋图一般通过平面图、剖面图、钢筋编号、钢筋成型图、钢筋表和材料表等进行表达，它是钢筋下料、绑扎钢筋骨架的依据。

钢筋图主要包括以下内容：①构件的外形平面图和尺寸；②钢筋的布置和定位；③钢筋明细表；④说明或附注。

2. 深入阅读

（1）钢筋配筋图一般不画混凝土材料符号。为突出钢筋的表达，图中钢筋用粗实线表示，钢筋的截面用小黑圆点表示，构件的轮廓线采用细实线表示，如图 2.33（a）和图 2.33（b）所示。

（2）钢筋编号。在纵横剖面图中，为了区别各类型和不同直径的钢筋，规定对钢筋应

3. 综合整理

钢筋编号的顺序应有规律，一般自上而下、自左而右、先主筋后分布筋。

在钢筋图中应标注构件的主要尺寸。钢筋的尺寸标注形式如图 2.33 所示 1－1 断面：⑤Φ8@200表示编号为"5"的钢筋、Φ为 HRB300 钢筋、直径 d 为 8mm、钢筋间距的代号为@、间距 s 为 200mm。

（1）钢筋成型图。钢筋成型图识表达构件中每一种（编号）钢筋加工成型后的形状和尺寸的图样，如图 2.34 所示。在图上直接标注钢筋各部实际尺寸，并注明钢筋编号、根数、直径和单根钢筋长度"l"，它是钢筋断料和加工的依据。

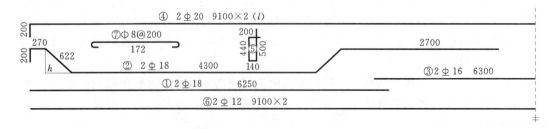

图 2.34 钢筋成型及标注图

钢筋尺寸一般是指内皮尺寸，如图 2.34 中的④钢筋。弯起钢筋的弯起高度一般指外皮尺寸，如图 2.34 中②钢筋的高度"h"。否则，应加以说明。单根钢筋长度系指钢筋中心线的长度，如图 2.34 中的④钢筋长度"l"。

钢筋长度应按构件的外形尺寸减去两端保护层厚度，再加上弯钩长度，如图 2.34 中④号钢筋的长度计算式为（240＋5730＋150＋6000/2－20）×2＋2×200＝18600（mm），见表 2.2。

若在钢筋表"简图"栏中能表达清楚形状和尺寸，可不再单独画钢筋成型图。

（2）钢筋表和材料表。每套钢筋图应附有钢筋表和材料表，作为备料、加工以及做材料预算的依据，其格式详见表 2.2。

表 2.2　　　　　　　　　　　　**某 梁 钢 筋 的 配 筋 表**

名称	编号	钢筋简图	直径/mm	长度/mm	根数	总长/m	单重/(kg·m⁻¹)	总重/kg
梁	1	6250	Φ18	6250	32	200.00	2.000	400.00
	2	200 270 622 4300 622 2700	Φ18	8714	16	139.4	2.000	278.80
	3	6300	Φ16	6300	16	100.8	1.580	159.26
	4	200 18200 200	Φ20	18600	16	297.6	2.470	735.07
	5	200 500 140 440	Φ8	1280	752	962.6	0.395	380.23
	6	18200	Φ12	18200	16	291.2	0.888	258.59
	7	172	Φ8	272	250	68.0	0.395	26.86
合计								2238.81

（3）其他表达方法。钢筋图中钢筋层次的表达方法如下：

1）在平面图中配置双层钢筋时，底层钢筋弯钩应向上或向左，顶层钢筋则向下或向右。

2）配有双层钢筋的墙体，在配筋立面图中，远面钢筋的弯钩应向上或向左，近面的钢筋应向下或向右，在立面图中还应标注远面的代号"YM"和近面的代号"JM"。

3）若在剖面图中不能清楚表示钢筋布置时，应在剖面图附近增画钢筋详图。

4）若在钢筋图中不能清楚表示箍筋、环筋的布置时，应在钢筋附近加画箍筋或环筋的详图。

构件对称方向上的钢筋的剖面图，可仅画一半，中间用对称线分界，如图 2.33（a）所示。

【案例 2.7】 贵州省某农村项目区蓄水池底板、边墙配筋图识读。

工程概况：施秉县甘溪集镇某农村项目区蓄水池修建在供水区地势较高处，水池规格为圆形 200m³，主要出露地层为：第四系（Q）、寒武系上统炉山组（∈₃1）中至薄层中粒白云岩，第四系（Q）主要为残坡积土，厚 0.5～2.5m；寒武系上统炉山组中至薄层中粒白云岩厚度大于 130m。因蓄水池的修建要开挖一定的深度，可以达到较坚硬的灰岩基础，地基岩性均一，承载力较高，建议地基承载力标准值 f_c 取 1700kPa；蓄水池深度、开挖边坡较低并

有合理的设计结构，稳定性较好；基础区域的覆土均挖除，并有一定石方的开挖，设计建基面均为较坚硬均一的岩石地基。

1. 概括了解

该水池钢筋图是施秉县甘溪集镇某村农村项目区蓄水池工程实施阶段的水工部分。图纸包括钢筋平面图、剖面图、钢筋编号、钢筋成型图、钢筋表等，如图 2.35 和图 2.36 所示。

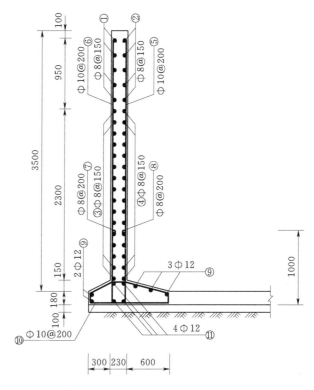

图 2.35　水池边墙配筋图（详图）

2. 深入阅读

从水池边墙配筋图 2.35、底板钢筋配筋图 2.36 中，主要读出以下信息：

（1）钢筋配筋图一般不画混凝土材料符号。

（2）水池由立板与底板两部分组成。立板做成垂直面，底板地面做成水平，底板两侧面向两边倾斜。

（3）水池底板配筋由①～④号钢筋组成，钢筋直径 $d＝8mm$、$d＝6mm$ 两种，间距 $s＝200mm$，钢筋级别为 HPB300，即 Ⅰ 级。

（4）水池边墙配筋图（图 2.37）中，⑤、⑥、⑦、⑧、⑩号为受力钢筋；立板配①、②、⑤、⑥号钢筋均布置在填土高和水压力小的一端；③、④、⑦、⑧号钢筋均布置在填土低和水压力大的一端；⑨、⑩、⑪号钢筋均布置在放大脚。

3. 综合整理

通过对相关钢筋图、钢筋表的仔细阅读和分析，将各部分的内容综合整理，读出该水池钢筋图钢筋布置的位置、形状尺寸、直径、钢筋级别、间距、长度和重量等。

水池底板配筋布置图 1:50

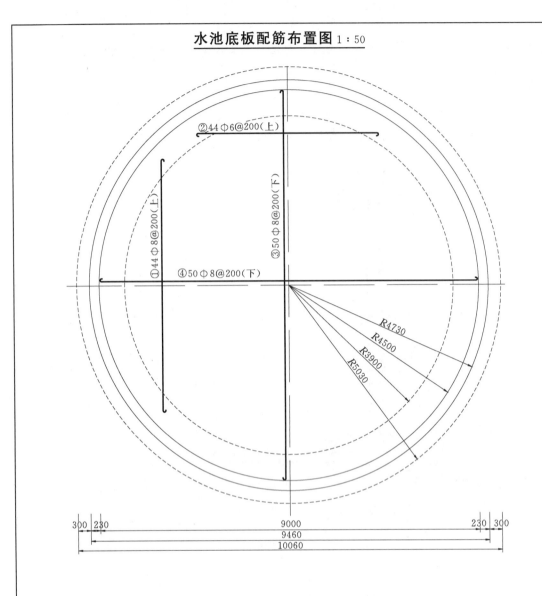

②44 Φ6@200（上）

④44 Φ8@200（上）

③50 Φ8@200（下）

①44 Φ8@200（上）

④50 Φ8@200（下）

R4730
R4500
R3900
R5030

300 | 230 | 9000 | 230 | 300
9460
10060

水池底板配筋图 1:50

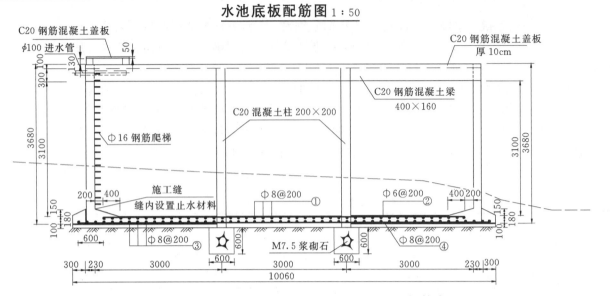

C20 钢筋混凝土盖板
φ100 进水管
C20 钢筋混凝土盖板 厚10cm
C20 钢筋混凝土梁 400×160
C20 混凝土柱 200×200
Φ16 钢筋爬梯
施工缝 缝内设置止水材料
Φ8@200 ①
Φ6@200 ②
Φ8@200 ③
M7.5 浆砌石
Φ8@200 ④

300 | 230 | 3000 | 600 | 3000 | 600 | 3000 | 230 | 300
10060

钢筋表

名称	编号	钢筋详图/mm	规格	长度/mm	根数	重量/kg
水池底板	①	8945~790 Δ=18~1677	Φ8	9025~870	44	125.35
	②	8945~790 Δ=18~1677	Φ6	9005~850	44	70.30
	③	8945~790 Δ=18~1677	Φ8	9025~870	50	146.11
	④	8945~790 Δ=18~1677	Φ8	9005~850	50	146.11
进人孔	①	2830	Φ10	2840	1	1.75
	②	200 200	Φ6	500	14	1.55
	③	950~530 Δ=85~340	Φ6	1040~580	5	0.87
	④	950~530 Δ=85~340	Φ6	1040~580	5	0.87
合计						492.91

水池进人孔配筋纵断面图 1:40

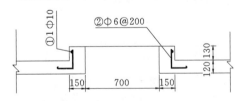

①Φ10
②Φ6@200
120 130
150 | 700 | 150

水池进人孔配筋横断面图 1:40

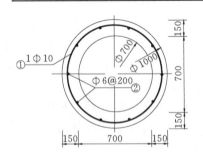

①1Φ10
Φ700
Φ1000
Φ6@200 ②
150 | 700 | 150

进人孔盖板配筋断面图 1:40

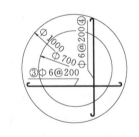

④Φ6@200
Φ1000
Φ700
③Φ6@200

说明：
1. 图中尺寸单位为 mm。
2. 板的保护层厚度为 2.5cm。
3. 钢筋为 HPB300，弯钩采用 5d。
4. 钢筋损耗按 3%计。

（工程设计单位）

核定		×××工程	实施	设计
审核			水工	部分
审查				
校核		**200m³水池底板配筋图**		
设计		**（1/2）**		
制图				
发证单位		比例	如图	日期	2014.03
设计证号		图号		

图 2.36　200m³ 水池底板配筋图

水池平面边墙配筋图 1:50

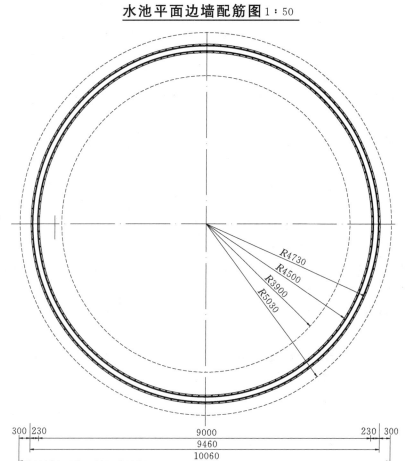

R4730
R4500
R3900
R5030

300 230 9000 230 300
9460
10060

说明:
1. 图中尺寸单位为 mm。
2. 池壁(墙)的保护层厚度为 2.5cm。
3. 钢筋直径不小于 12mm 为 HRB335,
   其他为 HPB300,弯钩采用 5d。
4. 钢筋损耗按 3% 计。

池壁钢筋布置图 1:50

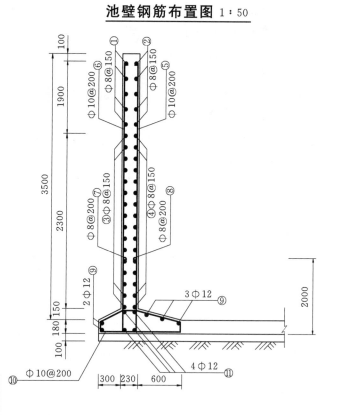

钢筋表

名称	编号	钢筋详图/mm	规格	长度/mm	根数	重量/kg
水池池壁	①	D=9370	Φ8	29738	5	58.71
	②	D=9090	Φ8	28862	5	56.99
	③	D=9370	Φ8	29738	16	187.89
	④	D=9090	Φ8	28862	16	182.35
	⑤		Φ10	5040	143	444.68
	⑥		Φ10	4580	148	418.23
	⑦		Φ8	2000	148	116.88
	⑧		Φ8	2440	143	137.78
	⑨	D=7292~9370	Φ12	平均27210	5	120.88
	⑩		Φ10	1342	148	122.55
	⑪	D=9370~9090	Φ12	平均29300	4	104.13
合计						1951.07

(工程设计单位)

核定			×××工程	实施	设计
审核				水工	部分
审查					
校核			**200m³水池配筋图(2/2)**		
设计					
制图					
发证单位			比例	如图	日期	2014.03
设计证号			图号		

图 2.37 水池边墙配筋图

水池底板配筋由①~④号钢筋组成，钢筋级别为HRB300，①、③号钢筋直径$d=$8mm，间距$s=200$mm；②号钢筋直径$d=6$mm，间距$s=200$mm，④号钢筋直径$d=8$mm，间距$s=200$mm；钢筋级别均为HPB300。

水池底板配筋表中，①号钢筋的单根长度为870~9025mm，变化值$\Delta=18$~1677mm，总根数为44根，重量为125.35kg，其他编号钢筋的识图方法与①号钢筋识读方法一致。

水池边墙钢筋见表2.3，水池边墙配筋图中，⑤、⑥、⑦、⑧、⑩号为受力钢筋，⑤、⑥、⑩号钢筋直径$d=10$mm，⑦、⑧号钢筋直径$d=8$mm，⑤、⑥、⑦、⑧、⑩号受力钢筋的间距$s=200$mm；立板配①、②号钢筋直径$d=8$mm，钢筋的间距$s=200$mm；③、④号受力钢筋均布置在填土低和水压力大的一端，钢筋直径$d=8$mm，钢筋的间距$s=150$mm；⑨、⑪号钢筋均布置在放大脚受力钢筋，钢筋直径$d=12$mm；⑩号钢筋为分布钢筋，钢筋的间距$s=200$mm。从图中说明可知，钢筋的保护层厚度为25mm，钢筋损耗按3%计。

表2.3　　　　　　　　　　　　水池边墙钢筋表

名称	编号	钢筋详图/mm	规格	长度/mm	根数	重量/kg
水池池壁	①	$D=9370$	Φ8	29738	5	58.71
	②	$D=9090$	Φ8	28862	5	56.99
	③	$D=9370$	Φ8	29738	16	187.89
	④	$D=9090$	Φ8	28862	16	182.35
	⑤		Φ10	5040	143	444.68
	⑥		Φ10	4580	148	418.23
	⑦		Φ8	2000	148	116.88
	⑧		Φ8	2440	143	137.78
	⑨	$D=7292$ ~9370	Φ12	平均27210	5	120.88
	⑩		Φ10	1342	148	122.55
	⑪	$D=9370$ ~9090	Φ12	平均29300	4	104.13
	合计					1951.07

任务2.8　房屋建筑认识及图纸识读

2.8.1　房屋建筑的认识

房屋建筑是供人们进行工作、学习、生活、娱乐等的场所。建筑施工图主要表达建筑物外部形状、内部布置、装饰构造、施工要求等。

1. 建筑施工图组成

建筑施工图包括首页图、建筑总平面图、平面图、立面图、剖面图、楼梯、卫生间大样图、建筑详图等。

2. 建筑施工图各组成部分概述

(1) 首页图主要表达该项目名称、设计单位、各专业负责人等基本信息，就如一本书的封面一样。

(2) 建筑总平面图主要表达即将实施的项目与原有建筑物的相对位置关系，以及该建筑周边及地下各构筑物的情况。

(3) 平面图主要表达房屋内部功能及布局情况。

(4) 立面图主要表达建筑物外形和外貌，并表明外墙面装饰面装饰要求等图样。

(5) 剖面图主要用来表达建筑物内部垂直方向高度、楼层分层情况等。

(6) 楼梯、卫生间大样图表样表达楼梯详细尺寸、卫生间设备布置详细尺寸等。

(7) 门、窗详图主要以大比例的方式详尽表达在平、立、剖面图中无法描述清晰的构造，如形状、尺寸大小、材料和做法等。

2.8.2　房屋建筑图纸识读

1. 概括了解

一般先看图纸目录、总平面图和施工说明等。对照目录检查图纸是否齐全，采用了哪些标准图并准备齐全这些标准图。然后看建筑平面图、立面图和剖面图，初步想象建筑物的立体形象及内部布置。本篇应先读标题栏，获得图名等信息。

2. 深入阅读

了解建筑物朝向、开间、进深等尺寸，室内布局、尺寸，进出口位置及交通方式等具体信息。

3. 综合整理

通过以上两步，对获得的信息进行提炼加工，获得建筑图综合信息。

【案例2.8】　某学校学生宿舍首层平面图（图2.44）识读。

1. 概括了解

一般是先看目录、总平面图和施工总说明，大概了解工程概况，如工程设计单位、建设单位、新建房屋的位置、周围环境、施工技术等。对照目录检查图纸是否齐全，采用了哪些标准图并准备齐全这些标准图。然后看建筑平面图、立面图和剖面图，大体上想象一下建筑物的立体形象及内部布置。

该建筑是贵州省某学校学生宿舍楼，该楼总长32.4m、宽10.8m，共15间学生宿舍，1个值班室，3个进出口。该建筑朝向为坐北朝南。

2. 深入阅读

(1) 首先看图纸右下角标题栏可知该图为首层平面图、采用1∶100比例绘制，图幅为A2，如图2.38所示。

(2) 通过识读图纸，该建筑横向上共有10根轴线，编号采用阿拉伯数字①~⑩表示，开间32.4m；纵向上共有4根轴线，编号采用拉丁字母Ⓐ~Ⓓ表示，进深10.8m，如图2.39所示。

(3) 该建筑设有3个进出口，主进出口位于⑤、⑥轴交Ⓐ轴位置处，通过M1224（表示门

图 2.38 标题栏

图 2.39 建筑物开间

宽 1200mm，高 2400mm）进入室内，因室外标高－0.45m，室内标高 0.000m，室内外高差 0.45m，故每个进出口处设有三级台阶，每级台阶高 150mm、宽 300mm。如图 2.40 所示。

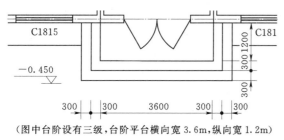

（图中台阶设有三级，台阶平台横向宽 3.6m，纵向宽 1.2m）

图 2.40 台阶尺寸

（4）从图中可读出该建筑朝向为坐北朝南，建筑物外围设有一宽为 700mm 的散水，如图 2.41 所示。

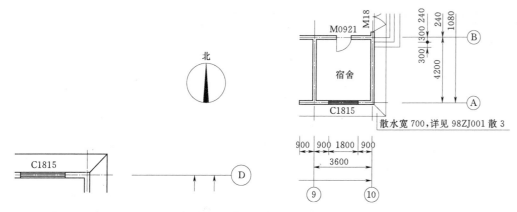

图 2.41 建筑物朝向及散水宽度

（5）图中可以读出该建筑主要作为学生宿舍使用，共 15 间学生宿舍，1 间值班室。每间学生宿舍通过 M0921（表示门宽 900mm，高 2100mm）进出，设有 C1815（表示窗宽

1800mm，高 1500mm）窗 1 个，学生宿舍开间 3.6m，进深 4.2m。在⑤、⑥轴交Ⓒ、Ⓓ轴处设有通往上一层的楼梯，如图 2.42 所示。

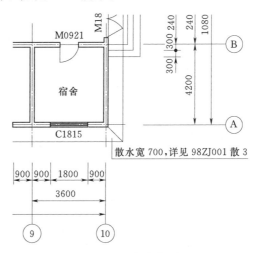

图 2.42 宿舍截图

3. 综合整理

该建筑是贵州省某学校学生宿舍楼，该楼开间 32.4m、进深 10.8m，共有 15 间学生宿舍，1 个值班室，3 个进出口。每间宿舍进深为 3.6m，开间为 4.2m，宿舍走廊进深为 2.4m，开间为 32.4m，共有窗 16 扇，编号为 C1815，门 19 扇，其中编号 M0921 共 16 扇、编号 M1821 共 2 扇、编号 M2124 共 1 扇，室内地坪标高为±0.000m，散水宽 700mm。

附本例建筑物实体模拟图，如图 2.43 所示。

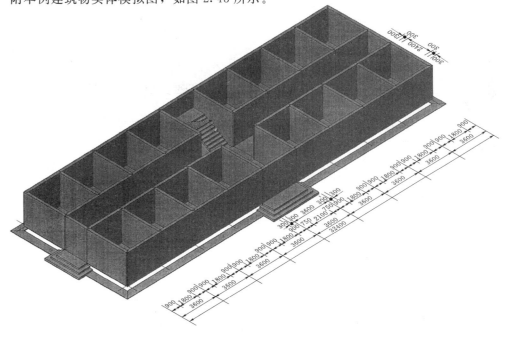

图 2.43 宿舍模型图

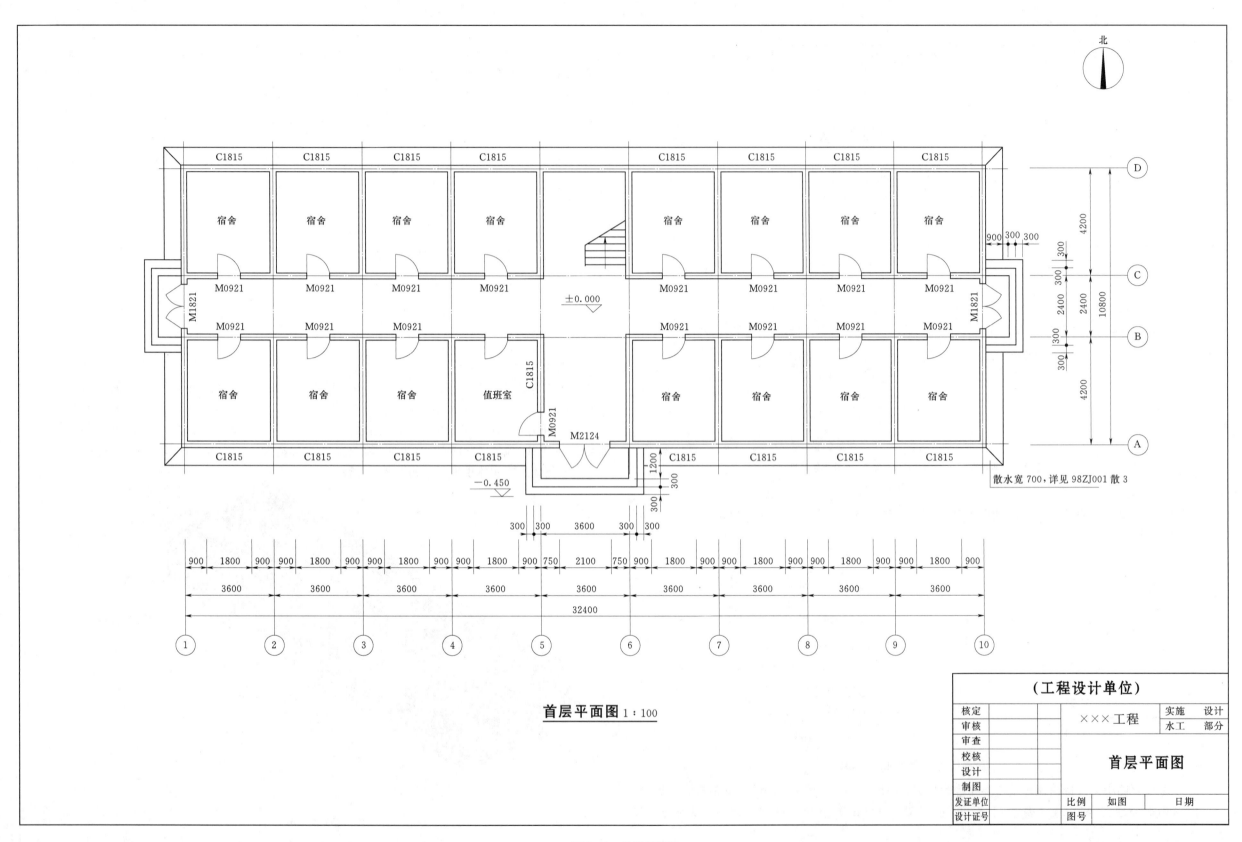

首层平面图 1:100

图 2.44 首层平面图

项目 3　水利工程 AutoCAD 绘图

项目导向: AutoCAD 软件是由美国 Autodesk 出品的一款自动计算机辅助设计软件, 可以用于绘制二维制图和基本三维设计, 通过它无需懂得编程, 即可自动制图, 广泛使用于土木、水利的工程制图等多方面领域。

在水利工程设计中, 常采用 AutoCAD 绘图软件进行绘图。AutoCAD 具有良好的用户界面, 通过交互菜单或命令行方式便可以进行各种操作。它的多文档设计环境, 让非计算机专业人员也能很快地学会使用。在不断实践的过程中更好地掌握它的各种应用和开发技巧, 从而不断提高工作效率。

项目 3 主要包括 6 个任务: 使用 AutoCAD 绘图软件, 绘制重力坝溢流坝段横剖面图, 绘制土石坝横剖面图, 绘制渡槽纵剖面图, 绘制水池梁及盖板配筋图, 绘制房屋建筑首层平面图。

项目重点: 掌握 AutoCAD 绘图环境设置、二维类绘制及编辑命令、文字设置、尺寸标注样式设置、打印出图。

项目难点: 二维类编辑命令、尺寸标注设置。

项目要求: 根据制图标准中的相关规定进行线型、线宽、颜色设置; 掌握二维类绘制及编辑命令; 掌握文字样式设置、尺寸标注设置、文件布图。

任务 3.1　使用 AutoCAD 绘图软件

3.1.1　认识 AutoCAD 绘图软件

1. AutoCAD 工作界面

AutoCAD 默认的工作界面包括标题栏、菜单栏、工具栏、绘图区、命令行提示区、状态栏等, 如图 3.1 所示。

图 3.1　AutoCAD 的工作界面

（1）标题栏。标题栏位于工作界面的最上面, 方括弧中显示当前图形的文件名。标题栏右端有最小化按钮■、最大化（还原）按钮□和关闭按钮✕, 用来控制窗口的打开、关闭、最大化、最小化。

（2）菜单栏。菜单栏中包括各类图形绘制及编辑命令, 默认的有 11 个菜单, 每个菜单下又包含若干个子菜单, 选择任意子菜单即可执行相应的命令。菜单项后面有"..."符号, 表示选中该菜单项时会弹出对话框; 菜单项右边有黑色小三角符号, 表示有下一级子菜单, 如图 3.2 所示。

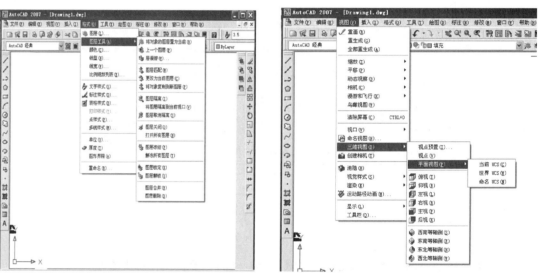

图 3.2　AutoCAD 的下拉菜单

（3）工具栏。工具栏由一系列图标按钮组成, 每一个图标按钮代表一条命令, 单击某一个按钮, 即可调用相应的命令。系统默认状态下, 操作界面中显示标准、样式、图层、对象特性、绘图、修改等 6 个工具栏, 如图 3.3 所示。

图 3.3　AutoCAD 的工具栏

（4）状态栏。状态栏位于操作界面的最下方，用来显示当前的操作状态。左边数字显示十字光标当前的坐标位置，右边显示辅助绘图的几个功能按钮，如图3.4所示。

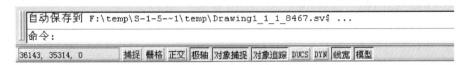

图3.4 AutoCAD的状态栏

单击任一按钮使其凹下，即可启用该按钮的相应功能。将光标放于功能按钮上右键，可对捕捉、栅格、极轴、对象捕捉、对象追踪、线宽进行设置。绘图中利用状态栏提供的辅助功能可提高绘图效率，如图3.5所示。

图3.5 AutoCAD对象捕捉设置

（5）命令行提示区。命令行提示区是绘图者与CAD对话的区域，可作为初学者绘图时的向导，如图3.6所示。

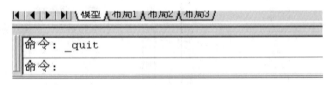

图3.6 AutoCAD命令行提示区

（6）绘图区。绘图区是绘制图形的区域，所有绘图和编辑操作都要在绘图区进行，并可对绘图区背景颜色进行修改，如图3.7所示。

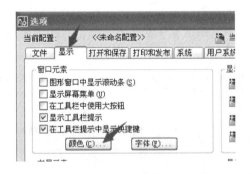

图3.7 AutoCAD绘图区背景颜色修改

（7）十字光标。十字光标中心代表当前点的位置，并可在"选项"→"显示"对话框中设置十字光标的大小，如图3.8所示。

图3.8 AutoCAD十字光标设置

2. AutoCAD输入命令的方式

输入命令的主要方式有菜单命令、图标命令、命令行命令。

（1）菜单命令。从下拉菜单中单击要输入的命令。

（2）图标命令。在工具栏上单击相应命令的图标按钮。

（3）命令行命令。在命令行提示区，从键盘键入命令名，按〔Enter〕键执行命令。

3. 绘图环境的设置

要绘制出符合制图标准的工程图，必须设置所需要的绘图环境。绘图环境的设置主要包括选图幅、确定绘图单位、设置线型、创建图层、创建文字样式、创建标注样式等。

（1）设置绘图界限。CAD中，绘图区域可看作是一张无限大的纸，在绘图之前设置适当的图形界限，可以避免在绘制较大或较小图形时，在屏幕可视范围内无法完全显示。可通过"格式"→"图形界限"菜单命令进行设置，如图3.9所示。

（2）设置绘图单位。绘图单位的设置主要包括设置长度和角度的类型、精度以及角度的起始方向。可通过菜单命令设置绘图单位，如图3.10所示。

（3）设置线型。绘制工程图时，应遵循国家标准对图线的规定。AutoCAD2007提供了标准线型库，各种不同的线型只有适当的搭配，才能绘出符合制图标准的图线。可通过"格式"→"线型"菜单命令设置线型，如图3.11所示。

初次使用时列表中线型若不够，应根据需要载入新的线型，可单击"线型管理器"对话框上部的"加载…"按钮载入新的线型，如图3.12所示。

推荐一组常用的线型：实线，CONTINUOUS；虚线，ACAD—ISO02W100；点画线，ACAD—ISO04W100；双点画线，ACAD—ISO05W100。

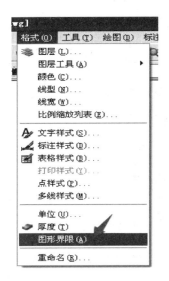

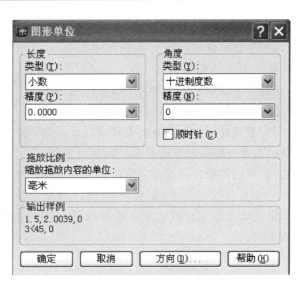

图 3.9　AutoCAD 图形界限　　　　　图 3.10　图形单位设置

（4）创建图层。图层相当于没有厚度的透明纸片，可将实体画在上面。一个图层只能画一种线型和一种颜色。绘制工程图时，需要用多种不同颜色、线型、线宽的图线进行绘制，"图层特性管理器"可对各图层进行分项管理，只有各项设置合理了，才能为接下来的绘图工作打下良好的基础，才能使工程图清晰、准确、高效。

可通过"格式"→"图层"菜单或单击工具栏上图层图标按钮　　，对线型、线宽、颜色等进行设置，如图 3.13 所示。

图 3.13　图层特性管理器

图 3.11　线型设置

（5）创建文字样式。从工具栏中单击"文字样式管理器"图标　按钮，弹出文字样式对话框，创建新的文字样式或修改已有的文字样式。在弹出的"文字样式"对话框中对文字样式的名称、字体名、字体样式、文字高度等进行设置，并决定是否使该样式下的文字产生反向、垂直和倾斜等特殊效果，使文字和图形的搭配更加和谐，如图 3.14 所示。

图 3.12　线型管理器加载

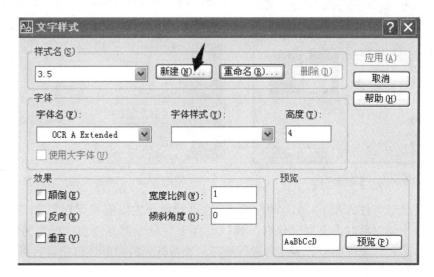

图 3.14　文字样式设置

（6）创建标注样式。标注样式决定了尺寸标注的外观，尺寸标注应符合国家标准和行业标准对尺寸标注的规定。从工具栏中单击"标注样式"图标 按钮，弹出"标注样式管理器"对话框，可创建新标注样式、修改已有样式和设置当前样式的临时替代，如图 3.15 所示。

绘图环境设置完成后，可将设置好的绘图空间保存为样板文件，以方便下次绘图使用，如图 3.16 所示。

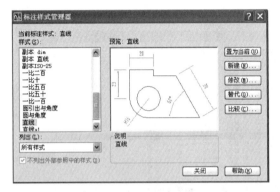

图 3.15　标注样式管理器

图 3.16　图形另存对话框

4. 图形文件的基本操作

图形文件的基本操作主要包括新建图形、打开图形、保存图形。

（1）创建新图形。创建新图形文件，单击工具栏中的"新建" 按钮，弹出"创建新图形"对话框，单击"使用样板"按钮 如图 3.17 所示。

（2）打开图形文件。单击工具栏中的"打开" 按钮，弹出"选择文件"对话框，找到文件名及文件的保存路径，打开".dwg"文件或".dwt"文件，如图 3.18 所示。

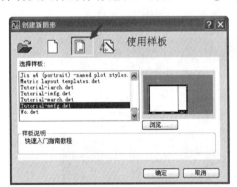

图 3.17　创建新图形

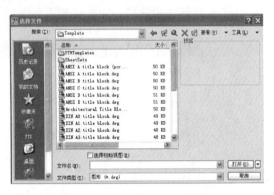

图 3.18　"选择文件"对话框

（3）保存图形文件。AutoCAD2007 中保存文件的命令主要有"保存"和"另存为"两种。当保存一个新图形时，选取"保存"和"另存为"命令都将弹出"图形另存为"对话框，选择保存路径、文件类型、文件名进行保存；若将打开的图形进行编辑后再保存，则需区分"保存"和"另存为"两个命令的不同。

"保存"命令是将编辑后的图形在原图形的基础上直接进行保存，并覆盖原文件；而

"另存为"命令则会弹出"图形另存为"对话框将编辑后的图形重命名保存，如图 3.19 所示。

5. 坐标系和坐标输入形式

（1）坐标系。在 AutoCAD 中，需要利用坐标轴和坐标值进行定位和度量，定位和度量都要在坐标系中进行。系统默认的坐标系叫世界坐标系，缩写为 WCS，世界坐标系的原点和坐标轴是固定的，无法更改；也可以根据需要建立自己的坐标系→用户坐标系，缩写为 UCS。根据绘图需要，可将UCS 的坐标原点放置于任何位置，还可以任意倾斜坐标轴的方向。

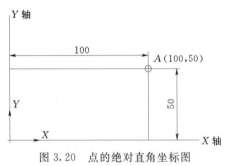
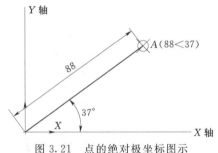

图 3.19　保存图形文件

（2）坐标输入形式。

1）点的绝对直角坐标。点的绝对直角坐标可以表示为 (X, Y)，其中 X 表示该点与坐标原点在水平方向的距离；Y 表示该点与坐标原点在垂直方向的距离。以原点为基准，X 向右为正，Y 向上为正，反之为负，如图 3.20 所示。

2）点的绝对极坐标。点的绝对极坐标可以表示为 $(L<A)$，其中 L 表示该点与坐标原点之间的距离；A 表示该点和坐标原点连线与 X 轴正向之间的夹角。在系统默认状态下，逆时针方向为正，反之为负，如图 3.21 所示。

图 3.20　点的绝对直角坐标图

图 3.21　点的绝对极坐标图示

3）点的相对直角坐标。相对坐标是以输入的上一点为基点来定位点在坐标系中的位置，可以表示为 $(@X, Y)$，如图 3.22 所示。

4）点的相对极坐标。点的相对极坐标可表示为 $(@L<A)$，L 表示该点与上一次输入点之间的距离；A 表示两点连线与 X 轴正向之间的夹角，如图 3.23 所示。

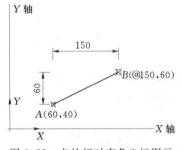
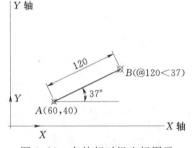

图 3.22　点的相对直角坐标图示

图 3.23　点的相对极坐标图示

6. 打印图形

打印图形是 CAD 绘图中一个重要环节，在 AutoCAD2007 中，可从模型空间直接输出图形。从模型空间输出第一张图时，应按以下步骤操作：

（1）添加和配置打印机。

（2）页面设置。从下拉菜单选取"文件"→"页面设置管理器"，单击"页面设置管理器"弹出"页面设置-模型"对话框，可对打印机、图纸尺寸、打印区域、打印比例、图形方向等进行设置，如图 3.24 所示。

图 3.24　页面设置

（3）打印图形。单击工具栏中"打印" 按钮，弹出"打印-模型"对话框，对打印机、图纸尺寸等各项进行设置，设置完成后预览图形→确定，完成打印，如图 3.25 所示。

图 3.25　打印图形设置

3.1.2　基本图形绘制

【例 3.1】　绘制平面图形，如图 3.26 所示。

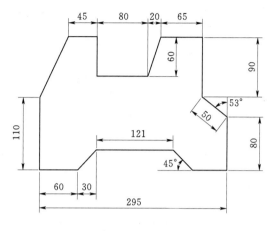

图 3.26　平面图

图 3.26 绘制步骤如下：

（1）将当前层设为粗实线层，调用"直线"命令，以图中尺寸为 110mm 的铅垂线上端为起画点，用鼠标导向，输入 110mm、60mm 绘制直线段，如图 3.27 所示。

（2）用相对直角坐标法，在命令行输入"@30，30"绘制斜线段，如图 3.28 所示。

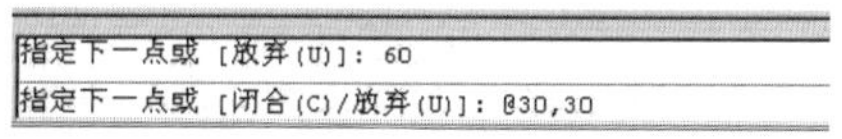

（3）用鼠标导向，水平输入 120mm 绘制水平线段，如图 3.29 所示。

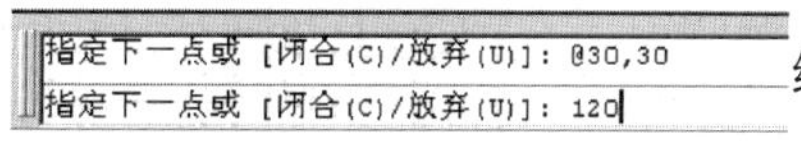

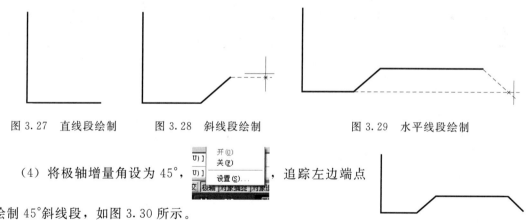

图 3.27　直线段绘制　　图 3.28　斜线段绘制　　图 3.29　水平线段绘制

（4）将极轴增量角设为 45°，追踪左边端点绘制 45°斜线段，如图 3.30 所示。

（5）在"对象捕捉工具栏"中调用"捕捉自" 命令，以 110mm 铅垂线下端点为基点，向右追踪输入 295mm，绘制图形右端线段，如图 3.31 所示。

图 3.30　45°斜线段绘制

（6）用鼠标导向，直接输入 80mm 绘制右端铅垂线，如图 3.32 所示。

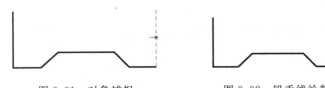

图 3.31 对象捕捉 　　　　　图 3.32 铅垂线绘制

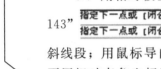

（7）用相对极坐标法，在命令行输入"@50＜143"

```
指定下一点或 [闭合(C)/放弃(U)]: 80
指定下一点或 [闭合(C)/放弃(U)]: @50<143
```

绘制 50mm 斜线段；用鼠标导向绘制 90mm、65mm 的直线段；再用相对直角坐标法输入"@－20，－60"绘出斜线段，之后鼠标导向绘制尺寸为 80mm、60mm、45mm 的直线段，最后输入"C"回车，图线与起画点自动连接，完成图形绘制，如图 3.33 所示。

（8）将"尺寸"图层设为当前层。调用"线性"标注 ⊢ 命令和"角度" △ 命令，分别在"直线"标注样式"和"圆与角度"标注样式下标注图形，如图 3.26 所示。

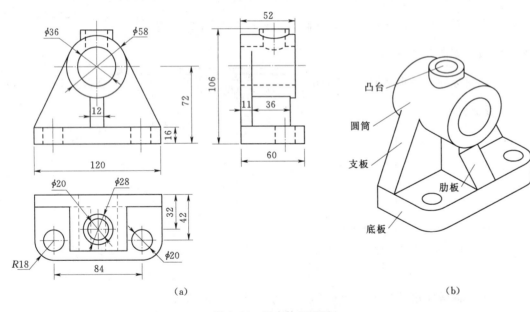

图 3.33 完整平面图形绘制

【例 3.2】 组合体三视图的绘制，如图 3.34 所示。

（a）　　　　　　　　　　　（b）

图 3.34 组合体三视图

绘图步骤：

1. 确定图形基准线

设点划线层为当前层，调用"直线" ╱ 命令和"偏移" ⟋ 命令，分别绘制三视图中尺寸为 72mm、32mm、42mm、106mm 的定位线，如图 3.35 所示。

（1）绘制主视图基准线。

a. 调用"直线"命令，在主视图上绘制底板底端线和正视图对称中心线。

b. 调用"偏移"命令，将主视图中底板底端线向上偏移 72mm，定位轴承孔高度位置。

c. 调用"偏移"命令，将主视图中心线向左右各偏移 42mm，定位底板上圆孔左右位置。

（2）绘制俯视图基准线。

a. 调用"直线"命令，对象追踪，绘制底板对称中心线。

b. 调用"直线"命令，绘制底板后端线。

c. 调用"偏移"命令，将底板后端线向前偏移 32mm、42mm，定位底板上圆的前后位置。

d. 调用"偏移"命令，将底板对称中心线向左右各偏移 42mm，定位圆孔左右位置。

（3）绘制左视图基准线。

a. 使用对象追踪，用"直线"命令绘制与主视图平齐的底板底端线。

b. 调用"偏移"命令，将底板底端线向上偏移 72mm、106mm，定位轴承孔高度位置和凸台顶位置。

c. 调用"直线"命令，绘制与底端线垂直的后端线，确定左视图前后位置。

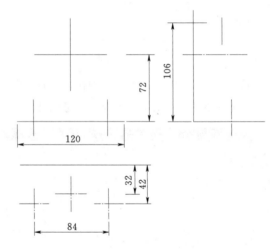

图 3.35 轴承座的基准线

2. 绘制基本体三视图

初学者绘制组合体三视图时最好完成一个基本体后再绘制下一个基本体。

（1）绘制底板，如图 3.36 所示。

1）绘制俯视图。

a. 调用"矩形"命令绘制一个长 120mm、宽 60mm 的矩形。

b. 调用"分解"命令将矩形分解。

c. 调用"倒圆角" ⌐ 命令将分解后的矩形倒圆角。

d. 调用"圆" ⊙ 的命令绘制地板上两圆孔。

2）绘制左视图。

a. 调用对象追踪命令，确定将要绘制的矩形的起点位置。

b. 调用"矩形"命令绘制一个宽 60mm、高 16mm 的矩形。

3）绘制主视图。

a. 调用对象追踪命令，确定将要绘制的矩形的起点位置。

b. 调用"矩形"命令绘制一个长 120mm、高 16mm 的矩形。

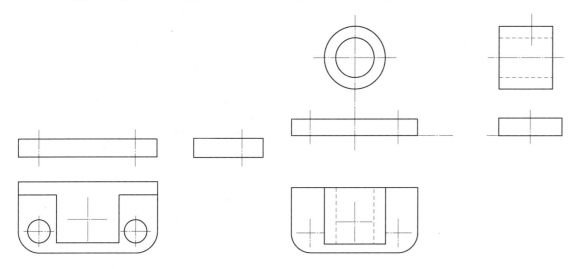

图 3.36　轴承座底板三视图

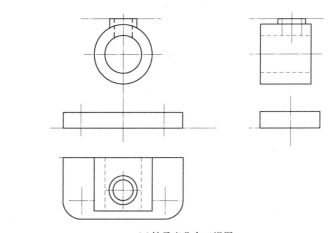

图 3.37　轴承座圆筒三视图

（2）绘制圆筒（大空心圆柱体），如图 3.37 所示。

1）绘制主视图。调用"圆"命令，绘制直径为 58mm、36mm 的圆。

2）绘制侧视图。

a. 调用"对象追踪"，高平齐绘制宽 52mm、高 58mm 的矩形。

b. 在虚线层，调用"直线"命令，追踪绘制直径为 36mm 圆的虚线，如图 3.37 所示。

3）绘制俯视图。

a. 调用"追踪"命令确定矩形的起点。

b. 调用"矩形"命令绘制一个长 58mm、宽 52mm 的矩形。

c. 设虚线层为当前层，调用"直线"命令，追踪绘制直径为 36mm 圆柱的俯视图。

（3）绘制凸台（小空心圆柱体），如图 3.38 所示。

1）绘制俯视图。调用"圆"命令绘制两个直径分别为 20mm、28mm 的同心圆。

2）绘制主视图。

a. 调用"偏移"命令，将底板底端线向上偏移 106mm。

b. 调用"直线"命令，从俯视图上追踪绘制直径为 28mm 的圆柱所对应的主视图，与直径为 58mm 圆相交，并与步骤 a 偏移 106mm 所得直线相交，如图 3.38（a）所示。

c. 设虚线层为当前层，调用"直线"命令，从俯视图上追踪绘制直径为 20mm 的圆柱所对应的主视图，并与直径为 36mm 圆相交，如图 3.38（a）所示。

3）绘制左视图。

a. 调用"偏移"命令将凸台的中心线向前、后各偏移 10mm，并与圆筒不可见最上轮廓线相交，如图 3.38（a）所示。

b. 调用"偏移"命令将凸台的中心线向前、后各偏移 14mm，并与圆筒可见最上轮廓线相交。

c. 调用"圆弧"命令中三点方式绘制凸台与圆筒的交线，注意应使用对象追踪确定圆弧最低点。

d. 调用"修剪"命令修剪多余线段，如图 3.38（b）所示。

（a）轴承座凸台三视图

（b）轴承座凸台视图上相贯线绘制

图 3.38　轴承座凸台三视图绘制步骤

（4）绘制支板。如图 3.39（c）所示。

1）绘制主视图。调用"直线"命令，使用"临时追踪点" ·临时追踪点(K) 捕捉切点，作圆筒的切线，如图 3.39（a）所示。

2）绘制俯视图。

a. 调用"偏移"命令将底板后端线向前偏移 11mm。并使用极轴追踪主视图上切点，确定支板俯视图上的长度。

b. 使用对象追踪捕捉主视图上切点，确定支板俯视图上的长度。

c. 调用"修剪"命令，修剪多余线段，如图 3.39（b）所示。

3）绘制左视图。

a. 调用"直线"命令，以底板后上角点为起点，向前追踪距为 11mm 的点，向上绘制支板前轮廓线，注意"高平齐"应使用对象追踪主视图上的切点。

b. 调用"修剪"命令修剪多余线段，如图 3.39（b）所示。

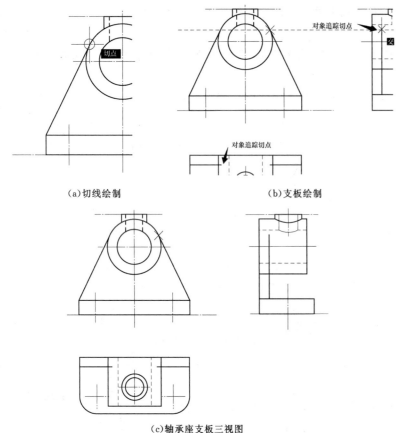

(a)切线绘制　　　　　(b)支板绘制

(c)轴承座支板三视图

图 3.39　轴承座支板三视图绘制步骤

（5）绘制肋板，如图 3.40（d）所示。

1）绘制主视图。

a. 调用"直线"命令，使用对象追踪，以底板上端线与中心线的交点为起点，向左、右追踪距离为 6mm 的点。

b. 调用"直线"命令，以步骤 a 所追踪得到的点为起点绘制直线与圆筒相交，如图 3.40（a）所示。

2）绘制俯视图。

a. 设虚线层为当前层，调用"直线"命令，追踪绘制肋板的俯视图。

b. 调用"修剪"命令将多余线段修剪掉，如图 3.40（b）所示。

3）绘制左视图。

a. 使用"对象追踪"，用"直线"命令绘制一个长 36mm 的肋板与圆筒的交线。

b. 调用"直线"命令将圆筒侧视图与底板侧视图左边连起来。

c. 调用"修剪"命令将多余线段修剪掉，如图 3.40（c）所示。

（6）调用"修剪"命令，对三个视图进行修剪，如图 3.40（d）所示。

（7）标注定型尺寸、定位尺寸、总体尺寸。完成轴承座三视图的绘制，如图 3.34（a）所示。

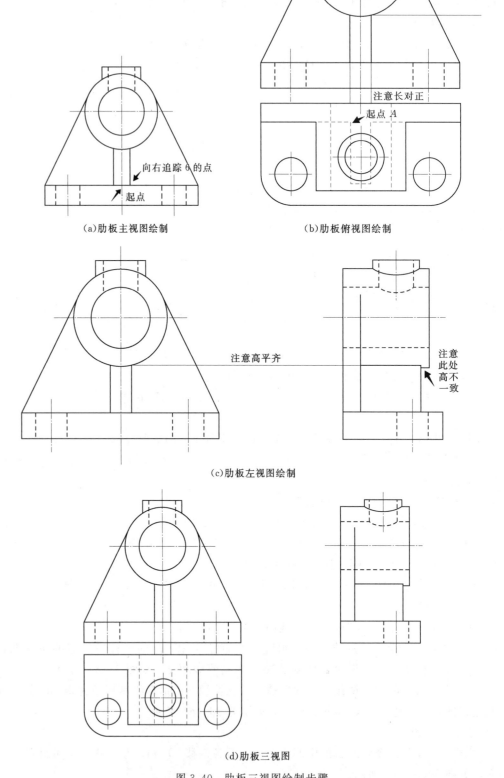

(a)肋板主视图绘制　　　　　(b)肋板俯视图绘制

(c)肋板左视图绘制

(d)肋板三视图

图 3.40　肋板三视图绘制步骤

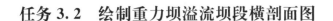

任务 3.2 绘制重力坝溢流坝段横剖面图

溢流堰幂曲线坐标表

横坐标 X/m	2.6730	3.8880	5.6550	7.0410	8.2260	9.2800	10.2420	11.1320	11.2975 (切点)
纵坐标 Y/m	0.5000	1.000	2.0000	3.0000	4.0000	5.0000	6.0000	7.0000	7.173 (切点)

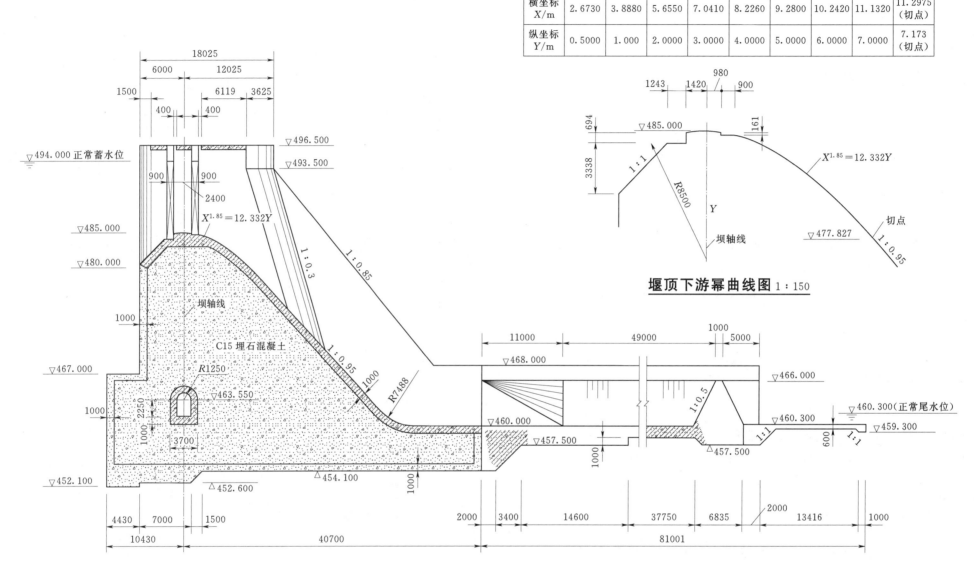

图 3.41　重力坝溢流坝段横剖面图

3.2.1 熟悉图纸

绘制工程图之前首先应对图形（图 3.41）进行分析，看懂图中尺寸，确定绘图步骤。

3.2.2 绘图环境设置

3.2.2.1 设置图形界限

1. 功能

该命令确定绘图范围，即确定图幅。

2. 调用命令

从下拉菜单选取"格式"→"图形界限"，如图 3.42 所示。

图 3.42 格式菜单

3. 命令操作

（1）在命令行指定图形界限的左下角点：默认左下角点为＜0，0＞，接受默认值，按"空格"或"回车"进行确认，如图 3.43 所示。

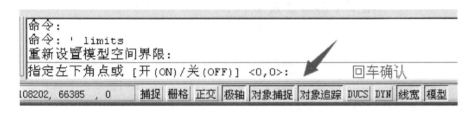

图 3.43 "命令"界面

（2）在命令行指定图形界限的右上角点：调用数值"20000，20000"（图像界限可设置大一些），按"空格"或"回车"确认，完成图形界限的设置，如图 3.44 所示。

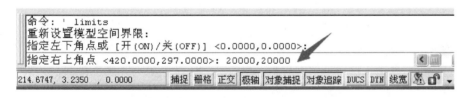

图 3.44 图形界限设置

3.2.2.2 设置绘图单位

1. 功能

该命令确定绘图时的长度单位、角度单位以及精度和角度方向。

2. 调用命令

从下拉菜单选取"格式"→"单位"，如图 3.45 所示。

图 3.45 调用"单位"

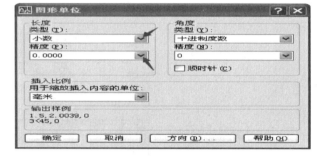

图 3.46 "图形单位"对话框

3. 命令操作

调用命令后，弹出"图形单位"对话框，分别对长度、角度等进行设置，如图 3.46 所示。

3.2.2.3 设置线型

AutoCAD2007 提供了标准线型库，各种不同的线型只有适当的搭配，才能绘出符合制图标准的图线。推荐一组常用的线型：实线，CONTINUOUS；虚线，ACAD－ISO02W100；点画线，ACAD－ISO04W100；双点画线：ACAD－ISO05W100。

1. 功能

可对工程图中的各种线型进行管理

2. 调用命令

从下拉菜单选取"格式"→"线型"，如图 3.47 所示。

图 3.47 调用"线型"

图 3.48 线型加载

3. 命令操作

单击命令后将弹出"线型管理器"对话框，在显示的线型列表中按标准进行选用。初次使用时列表中线型若不够，应根据需要载入新的线型，可单击"线型管理器"对话框上部的"加载..."按钮，如图 3.48 所示。

3.2.2.4 设置图层

1. 功能

绘制工程图时，需要用多种不同颜色、线型、线宽的图线进行绘制，并对其进行分项管理。

2. 调用命令

（1）从下拉菜单选取"格式"→"图层"，如图 3.49 所示。

（2）从工具栏单击"图层"  按钮。

3. 命令操作

调用命令后将弹出"图层特性管理器"对话框，如图 3.50 所示。

图 3.49 调用"图层"

图 3.50 "图层特性管理器"对话框

（1）新建所需图层，修改图层名称，按标准设置图层颜色、线型、线宽等，如图 3.51 所示。

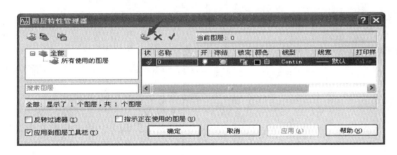

图 3.51 新建图层

（2）完成图层的创建后单击应用、确定，如图 3.52 所示。

3.2.2.5 创建文字样式

1. 功能

该命令可创建新的文字样式或修改已有的文字样式。

2. 调用命令

（1）从下拉菜单选取"格式"→"文字样式"，如图 3.53 所示。

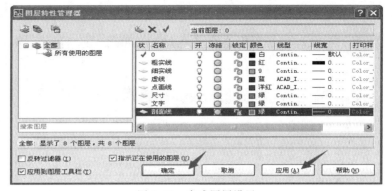

图 3.52 完成图层设置

图 3.53 调用"文字样式"

（2）从工具栏单击"文字样式"  按钮。

3. 命令操作

（1）调用命令后，弹出"文字样式"对话框，如图 3.54 所示。

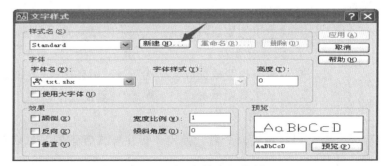

图 3.54 "文字样式"对话框

（2）新建文字样式。新建"数字与字母"和"汉字"两种文字样式，如图 3.55 所示。

（a)新建"数字与字母"文字样式

（b)新建"汉字"文字样式

图 3.55　新建文字样式

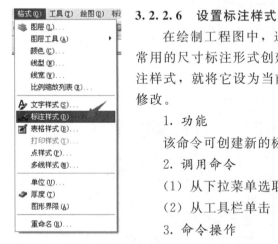

图 3.56　调用"标注样式"

3.2.2.6　设置标注样式

在绘制工程图中，通常都有多种尺寸标注的形式，应把绘图中常用的尺寸标注形式创建为标注样式。在标注尺寸时，需要哪种标注样式，就将它设为当前标注样式，这样可提高绘图效率，且便于修改。

1．功能

该命令可创建新的标注样式或修改已有的标注样式。

2．调用命令

（1）从下拉菜单选取"格式"→"标注样式"，如图 3.56 所示。

（2）从工具栏单击"文字样式"按钮。

3．命令操作

（1）调用命令后，弹出"标注样式管理器"对话框，如图 3.57 所示。

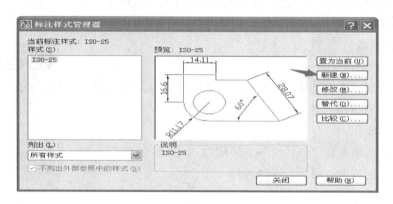

图 3.57　"标注样式管理器"对话框

（2）新建所需标注样式。创建"直线"和"圆与角度"两种标注样式。

1）"直线"标注样式的创建。从"样式"或"标注"工具栏单击按钮，弹出"标注样式管理器"对话框，单击"新建"按钮，弹出"创建新标注样式"对话框，对各参数分别进行设置，设置完成后单击"确定"，如图 3.58 所示。

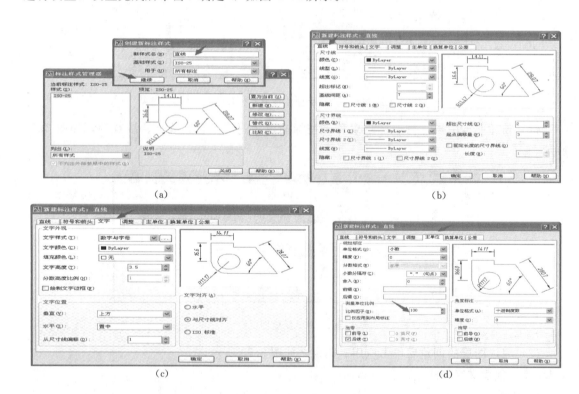

（a）

（b）

（c）

（d）

图 3.58　"直线"标注样式

2）"圆与角度"标注样式的创建。"圆与角度"标注样式的创建可基于"直线"标注样式，只需在"直线"标注样式的基础上进行修改即可，如图 3.59 所示。

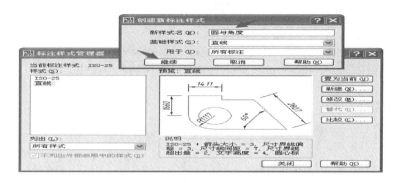

図 3.59 "圆与角度"标注样式

a. 选择"文字"选项卡,在"文字对齐"区改"与尺寸线对齐"为"水平"选项。

b. 选择"调整"选项卡,在"优化"区打开"手动放置文字"开关。

设置完成后,单击"确定"按钮。

完成绘图环境设置后,将设置好的绘图空间保存为样板文件,以方便下次绘图使用,如图 3.60 所示。

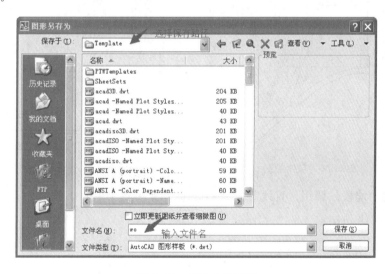

图 3.60 样板文件保存

3.2.3 主要绘图步骤

(1)将粗实线层设为当前层,调用"直线"命令◢按钮,以 A 为起点绘制图中的直线段,如图 3.61 所示。

(2)以 A 为起点绘制底部 1:1 的斜线,如图 3.62 所示。

(3)调用"直线"命令◢按钮,绘制底板外边线,如图 3.63 所示。

(4)以 C 点为起点绘制 1:0.85 斜线段,如图 3.64 所示。

(5)调用"偏移"命令▣按钮,绘制底板内边线,如图 3.65 所示。重复偏移命令画出其他线段,如图 3.66 所示。

(6)调用"修剪"命令┿按钮,修剪线段,如图 3.67 所示。

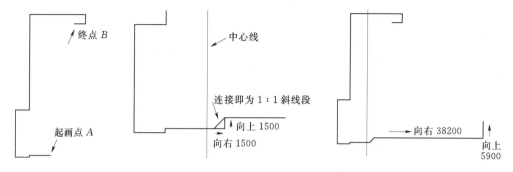

图 3.61 直线段绘制　　图 3.62 底部 1:1 斜线段绘制　　图 3.63 底板外边线绘制

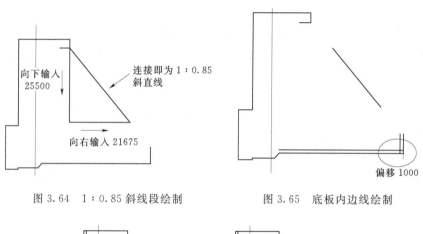

图 3.64 1:0.85 斜线段绘制　　图 3.65 底板内边线绘制

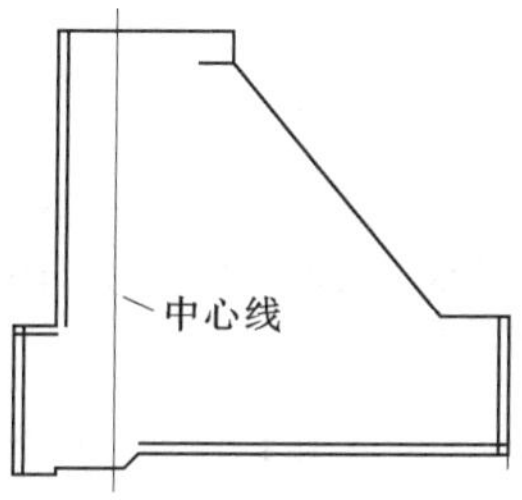

图 3.66 其他线段绘制 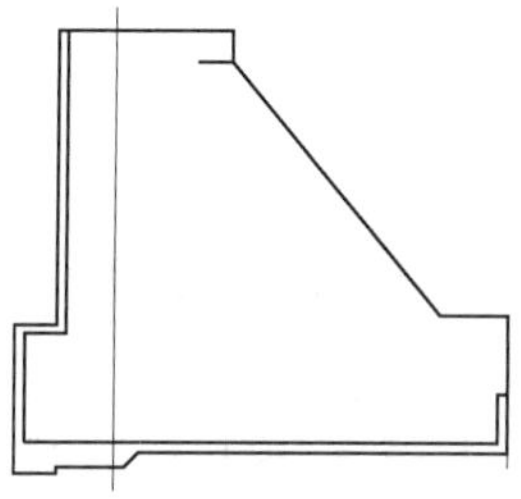　　图 3.67 线段修剪

(7)绘制溢流堰顶曲线。

1)由闸墩顶部(高程 496.50m)向下追踪溢流堰顶(高程 485.00m),向右画辅助线。

2)从中心线上 A 点向下追踪长度为 8500mm 的点 O,并以 O 点为圆心绘制 $R8500$ 的圆,如图 3.68(a)所示。

3)调用"直线"命令◢按钮,以 A 点为起点向左、向右分别绘制溢流堰顶上游面轮廓和下游面轮廓,并修剪多余线段,如图 3.68(b)、图 3.68(c)所示。

(8)绘制溢流堰面曲线。

1)调用"UCS"命令,光标指定坝面曲线的坐标原点和 x、y 轴的方向,新建用户坐标系。

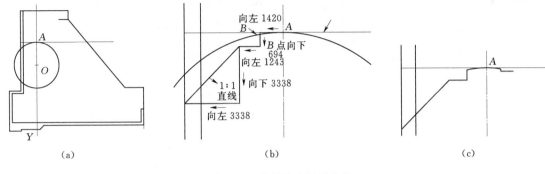

图 3.68　绘制溢流堰顶曲线

2）调用"样条曲线"命令 ✓ 按钮，依次输入"溢流堰曲线坐标"表格中的坐标值，绘出堰面曲线，如图 3.69 所示。

3）再次调用"USC"命令，恢复世界坐标系，继续绘制其他线段。

（9）绘制 1：0.95 的线段，以曲线末端端点为起点绘制坡度为 1：0.95 的直线，如图 3.70 所示。

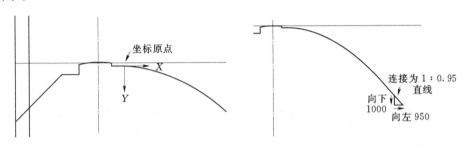

图 3.69　溢流堰面曲线绘制　　图 3.70　1：0.95 连接线段绘制

（10）反弧段绘制。

1）调用"延伸"命令 ✓ 按钮，将 1：0.95 直线延伸到高程为 460.000m 的直线上，如图 3.71（a）所示。

2）调用"倒圆角"命令 ⌐ 按钮，绘制 R7488 的反弧段，并修剪图形，如图 3.71（b）所示。

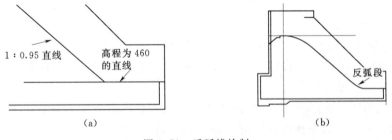

图 3.71　反弧线绘制

（11）绘制闸门、桥面板。调用"直线"命令 ✓ 按钮，绘制闸门、桥面板，如图 3.72 所示。

（12）绘制闸墩下游 1：0.3 直线段，如图 3.73 所示。

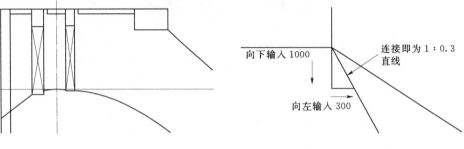

图 3.72　闸门、桥面板绘制　　　图 3.73　1：0.3 斜线段绘制

（13）绘制坝体、廊道。

1）调用"偏移"命令 ⟘ 按钮，将溢流堰顶、溢流堰面曲线、反弧段向内侧偏移1000mm；调用"复制"命令 ❀ 按钮，绘制柱面疏密线，用"修剪"命令 ⊬ 按钮，对多余图线进行修剪，如图 3.74 所示。

2）调用"多段线"命令 ⤷ 按钮，绘制坝内廊道，如图 3.75 所示。

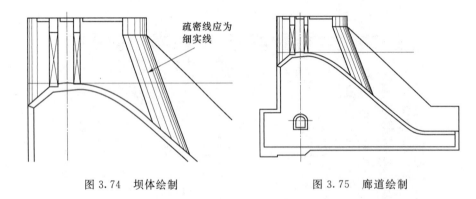

图 3.74　坝体绘制　　　　　　图 3.75　廊道绘制

（14）绘制消能段。调用"直线"命令 ✓ 按钮，以 A 点为起点，按照图形尺寸完成消力池绘制，如图 3.76 所示。

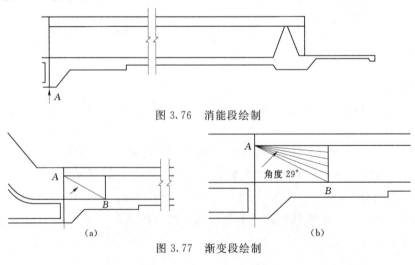

图 3.76　消能段绘制

图 3.77　渐变段绘制

（15）绘制渐变段。调用"阵列"命令 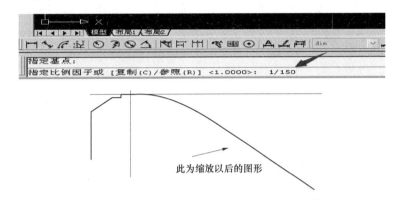 按钮，将 AB 直线环形阵列，绘制渐变段，如图 3.77 所示。

（16）绘制 1：150 堰顶下游幂顶曲线放大图。

1）调用"复制"命令 按钮，将溢流堰顶曲线进行复制。

2）调用"缩放"命令 按钮，将堰顶曲线图按 1：150 比例进行缩放（比例因子为 1/150），如图 3.78 所示。

图 3.78 堰顶下游幂顶曲线放大图

（17）绘制 1：250 溢流坝横剖面图。调用"缩放"命令 按钮，将大坝图按 1：250 比例进行缩放（比例因子为 1/250），如图 3.79 所示。

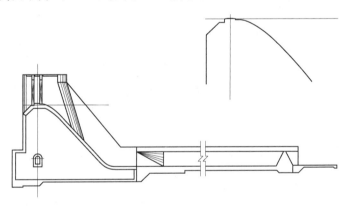

图 3.79 1：250 比例溢流坝横剖面图

（18）填充。启用"图案填充"命令 按钮，将图层切换到"填充图层"对图形进行填充，如图 3.80 所示。

（19）标注尺寸。

1）将当前图层切换到"尺寸"图层，用所设标注样式及尺寸标注命令标注所有尺寸。尺寸标注错误或尺寸数字不合适时应使用"尺寸标注修改"命令进行修改。

2）调用"直线"命令 按钮，绘制所有高程标注的引出线。

3）标注图样中各立面高程。

4）将当前图层设为"文字"图层，注写各图形的文字及说明。如图 3.81 所示。

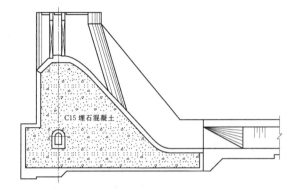

图 3.80 填充材料

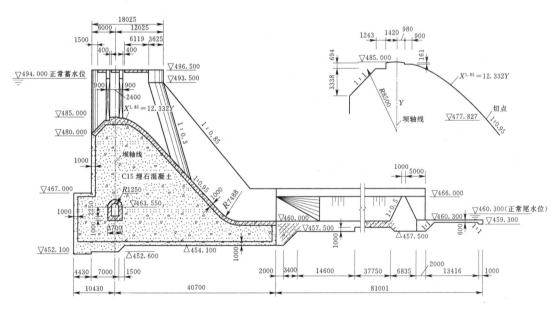

图 3.81 尺寸标注

（20）绘制溢流堰幂曲线坐标表。

1）调用"表格"命令 按钮，弹出"插入表格"对话框，如图 3.82 所示。

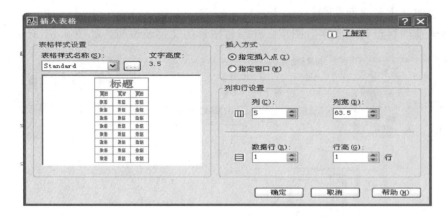

图 3.82　"插入表格"对话框（一）

2）在对话框中，点选"指定窗口"插入方式，在"列"框中调用 10，"数据行"框中调用"1"，单击"确定"，如图 3.83 所示。

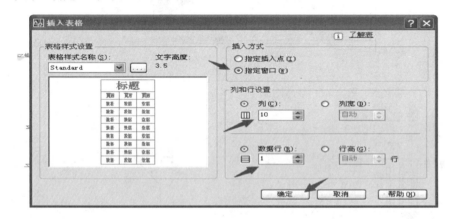

图 3.83　"插入表格"对话框（二）

3）用鼠标在绘图界面上指定表格第一个角点的位置，调用尺寸确定另一个角点位置，绘出表格，对表格进行修改，并填写坐标值，如图 3.84 所示。

溢流堰幂曲线坐标表

横坐标 X/m	2.6730	3.8880	5.6550	7.0410	8.2260	9.2800	10.2420	11.1320	11.2975（切点）
纵坐标 Y/m	0.5000	1.000	2.0000	3.0000	4.0000	5.0000	6.0000	7.0000	7.173（切点）

图 3.84　溢流堰幂曲线坐标表绘制

（21）绘制 A2 图幅和标题栏，并装图，注意布图匀称，如图 3.85 所示。

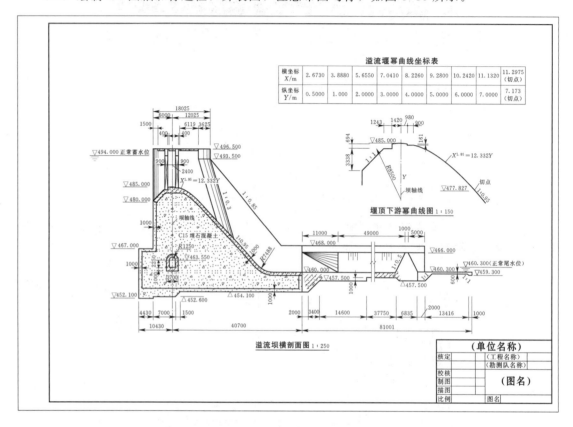

图 3.85　完成溢流坝横剖面图绘制

任务 3.3 绘制土石坝横剖面图

土石坝横剖面图 1:500

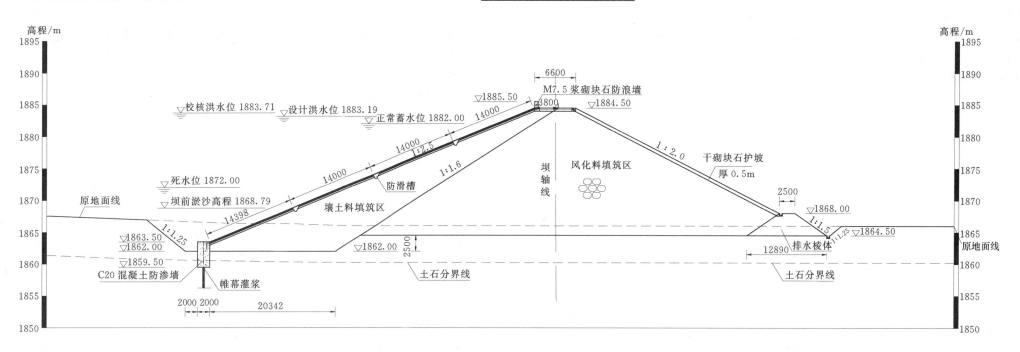

河床段防渗墙及上游坝坡复合土工膜防渗大样图 1:200

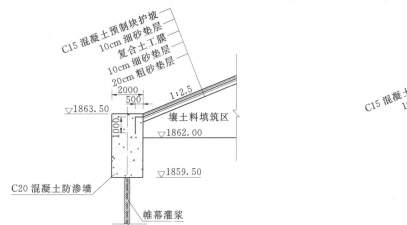

坝顶及上游坝坡复合土工膜防渗大样图 1:200

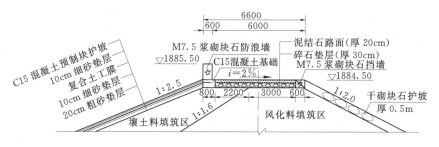

说明：本图尺寸高程、桩号以 m 计，其余以 mm 计。

防滑槽大样图 1:100

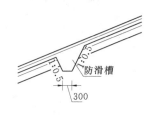

（工程设计单位）		
审定	证书编写	
审查	（工程名称）	（设计）阶段
		（专业）部分
校核	土石坝横剖面图	
设计		
制图	图号	日期

图 3.86 土石坝横剖面图

3.3.1 熟悉图纸

绘制工程图之前首先应对图形（图3.86）进行分析，看懂图中尺寸，确定绘图步骤。

3.3.2 绘图环境设置

本例绘图环境设置参照任务3.2绘图环境设置（本例标注样式应根据图形要求创建"水工500""水工200""水工100"三种标注样式）。

3.3.3 主要绘图步骤

1. 设定图层

设"粗实线"图层为当前图层。

2. 绘制土石坝基本剖面

按1∶1的比例绘制土石坝基本剖面：单击"直线"命令 ∕ 按钮，绘制大坝基本剖面，具体尺寸如图3.87所示。

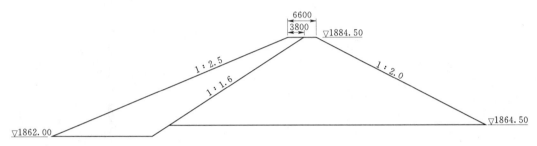

图3.87 土石坝基本剖面图

3. 绘制土石坝上、下游坝坡材料层

土石坝上游坝坡坡比为1∶2.5，由五层材料组成，从外到里分别为：C15混凝土预制块、护坡（厚8cm）、10cm的细砂垫层、复合土工膜（厚度忽略，用粗直线表示）、10cm的细砂垫层、20cm的粗砂垫层。下游坝坡坡比为1∶2.0，由50cm厚的干切块石护坡。如图3.88所示，绘制该部分时，可调用偏移命令绘制，步骤如下：

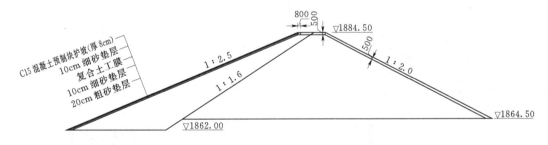

图3.88 绘制土石坝上、下游坝坡材料层

（1）绘制上游坝坡C15混凝土预制块护坡（厚8cm）。单击"偏移"命令 ⌂ 按钮，如图3.89所示。

```
当前设置: 删除源=否  图层=源  OFFSETGAPTYPE=0
指定偏移距离或 [通过(T)/删除(E)/图层(L)] <通过>:
```

图3.89 "偏移"命令栏显示内容

（2）在命令栏中输入"80"，回车。

（3）命令栏弹出"选择要偏移对象"，单击土石坝基本剖面上游坝坡。

（4）命令栏弹出"指定要偏移的那一侧上的点"，单击上游坝坡线的右侧空白区。

通过上述步骤完成土石坝上游坝坡C15混凝土预制块护坡的绘制。重复偏移命令可绘制土石坝上游坝坡10cm的细砂垫层、10cm的细砂垫层、20cm的粗砂垫层和下游坝坡50cm厚的干切块石护坡，如图3.88所示。

4. 绘制上游帷幕灌浆平台

（1）在空白区域用"直线"命令 ∕ 按钮，绘制长2.00m、高4.00m的矩形，如图3.90所示。

（2）单击"直线"命令 ∕ 按钮，打开"正交"模式，将鼠标移至上游坝脚，用鼠标导向，直接输入1500mm绘制铅垂线段和一条与上游坝坡相交的水平辅助线，如图3.91所示。

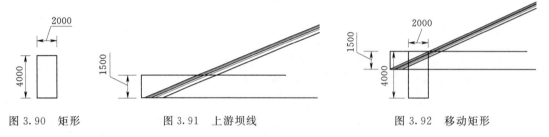

图3.90 矩形　　图3.91 上游坝线　　图3.92 移动矩形

（3）单击"移动"命令 ✛ 按钮，选择图3.90中的矩形，指定基点，将矩形移动至图3.91水平辅助线与上游坝坡线相交的交点上，如图3.92所示。

（4）单击"删除"命令 ∕ 按钮，删除辅助线和标注，如图3.93所示。

（5）单击"修剪"命令 ✚ 按钮，对图3.93进行修剪；单击"直线"命令 ∕ 按钮，绘制灌浆平台内土工膜部分（该部分为示意图），如图3.94所示。

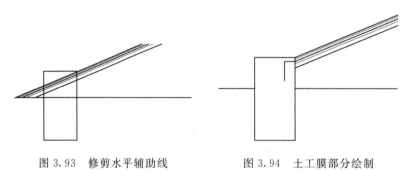

图3.93 修剪水平辅助线　　图3.94 土工膜部分绘制

5. 绘制下游排水棱体

（1）单击"直线"命令 ∕ 按钮，绘制梯形断面，上顶宽2.50m、下底宽13.00m、高3.50m，如图3.95所示。

（2）单击"偏移"命令 ⌂ 按钮，将坝底边线向上偏移3500mm，得出与下游坝坡相交的水平辅助线，如图3.96所示。

（3）单击"移动"命令 ✛ 按钮，选择步骤（1）所绘制的图形，指定基点，将选中的图

3.95 移动至图 3.96 水平辅助线与下游外侧坝坡线相交的交点上，如图 3.97 所示。

（4）使用"删除""修剪"命令，修剪多余线段，如图 3.98 所示。

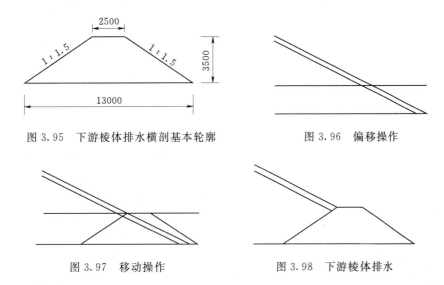

图 3.95　下游棱体排水横剖基本轮廓　　　　图 3.96　偏移操作

图 3.97　移动操作　　　　　图 3.98　下游棱体排水

6. 绘制防滑槽

（1）单击"直线"命令 ✏ 按钮，在空白处绘制一条长度为 300mm 的水平直线，如图 3.99 所示。

（2）单击"直线"命令 ✏ 按钮，在空白处绘制一条长度为 500mm 的水平线和高 1000mm 的铅垂线，并连接两端点，如图 3.100 所示。

（3）删除图 3.100 中的水平线和垂线，将斜线移动到长度为 300mm 水平线的右端，如图 3.101 所示。

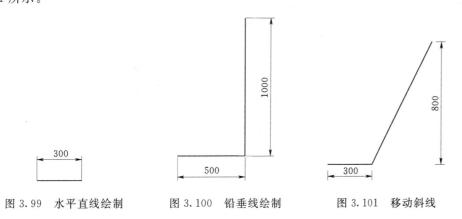

图 3.99　水平直线绘制　　　图 3.100　铅垂线绘制　　　图 3.101　移动斜线

（4）单击"镜像"命令 ⚠ 按钮，选择图 3.101 中的斜线，绘制防滑槽另一斜线，如图 3.102 所示。

（5）单击"复制"命令 ⅙ 按钮，将上游坝坡线进行复制，使上游坝坡线的上端与图 3.102 的右上端连接，如图 3.103 所示；修剪多余线段，如图 3.104 所示。

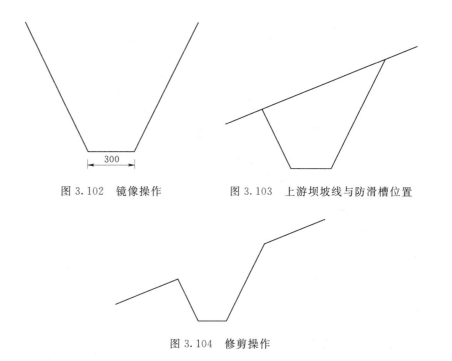

图 3.102　镜像操作　　　　图 3.103　上游坝坡线与防滑槽位置

图 3.104　修剪操作

（6）单击"直线"命令 ✏ 按钮，作一条垂直上游坝面的辅助线，并将该辅助线移至上游坝坡顶部；单击"偏移"命令 ⬒ 按钮，输入偏移距离 14000mm，绘制确定其余防滑槽位置的辅助线，如图 3.105 所示。

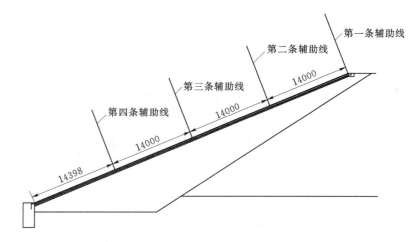

图 3.105　辅助线绘制

（7）单击"复制"命令 ⅙ 按钮，指定基点，绘制其余防滑槽。如图 3.106 所示，细部图如图 3.107 所示。

（8）单击"删除"命令 ✎ 按钮，选中"第一条辅助线、第二条辅助线、第三条辅助线、第四条辅助线"，调用剪切命令，将图 3.107 中防滑槽多余线段部分剪掉，如图 3.108 所示。

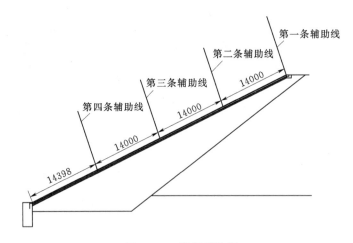

图 3.106 防滑槽绘制

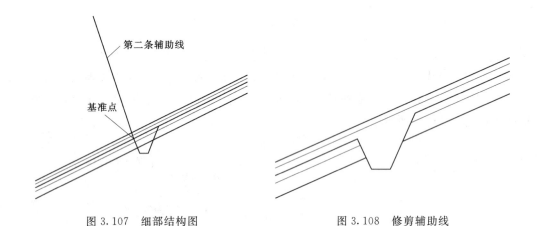

图 3.107 细部结构图　　　　　　　　图 3.108 修剪辅助线

7. 图幅缩放

所有基本轮廓绘制完后，按图幅中比例，进行缩放，显示最终图幅比例。步骤如下：

（1）"土石坝横剖面图 1：500"缩放。

1）选中"土石坝横剖面图"所有线条。

2）单击"缩放"命令 按钮。命令栏弹出"指定基点"，如图 3.109 所示。在绘图区空白位置单击鼠标左键，对话框弹出"指定比例因子"，输入 1/500，"Enter"键确认。

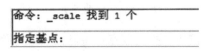

图 3.109 "指定基点"对话框

（2）"河床段防渗墙及上游坝坡复合土工膜防渗大样图 1：200"和"坝顶及上游坝坡复合土工膜防渗大样图 1：200"缩放。

1）分别在"土石坝横剖面图 1：1"截取河床段防渗墙及上游坝坡复合土工膜防渗部分和坝顶及上游坝坡复合土工膜防渗部分。

2）单击"缩放"命令 按钮，输入比例因子 1/200，按"Enter"键确认。

（3）"防滑槽大样图 1：100"缩放。

1）选择"土石坝横剖面图 1：1"防滑槽部分。

2）单击"缩放"命令 按钮，选中防滑槽部分，输入比例因子 1/100，按"Ente"键确认。

8. 标注尺寸

（1）在标注尺寸前要确定标注样式是否与标注图形匹配。在进行"土石坝横剖面图 1：500"标注时，应将设好的"水工 500"标注样式设为当前，对"土石坝横剖面图 1：500"进行标注。

（2）线性标注。单击"线性标注"命令 按钮，对话框中弹出"指定第一条尺寸界限原点"，将鼠标移至需要标注线段的第一个点并捕捉单击鼠标右键，此时对话框中弹出"指定第二条尺寸界限原点"，再将鼠标移至需要标注线段的第二个点并捕捉单击右键。按"Enter"确定。依次绘制图中的所有标注。

（3）对齐标注。将标注栏中标注样式为调整为"水工 200"，单击"对齐标注"命令 按钮，对"河床段防渗墙及上游坝坡复合土工膜防渗大样图 1：200"和"坝顶及上游坝坡复合土工膜防渗大样图 1：200"进行标注，标注步骤与（2）类似。

（4）将标注栏中标注样式调整为"水工 100"，对"防滑槽大样图 1：100"进行标注，标注步骤与（2）、（3）类似。

9. 编辑文字

本图幅的文字有两种：一种是宋体 5.0，用于图幅标题；另一种是仿宋 2.5，用于图中文字说明。文字设置参照任务 3.2 中绘图环境设置。

（1）标题文字编辑。此时将鼠标移至"样式"，如图 3.110 所示。单击字体后面的第一个下拉菜单，在菜单中选择"宋体 5.0"为当前工作状态下的字体。

图 3.110 文字样式工具栏

在确定宋体 5.0 为当前文字输入状态下，调用"多行文字"命令 ，输入相应内容，按"确定"按钮即可完成编辑。

（2）内容文字编辑。调用"多行文字"命令 ，在菜单中选择"仿宋 2.5"为当前工作状态下的字体，输入相应内容。

10. 绘制图幅

绘制 A3 图幅和标题栏，并装图，注意布图匀称。为了图幅美观可以采用"移动"命令 按钮，来布置图幅格局。完成土石坝横剖面图绘制，如图 3.86 所示。

任务 3.4 绘制渡槽纵剖面图

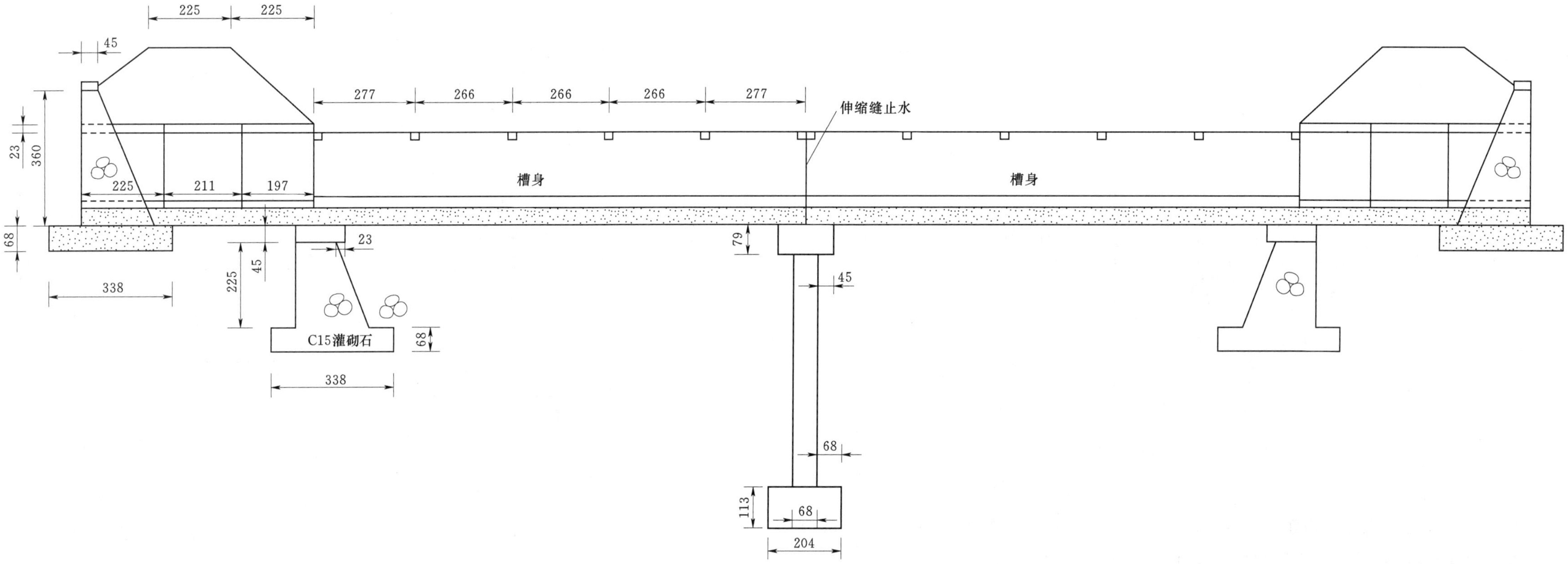

225 | 225

45

277 | 266 | 266 | 266 | 277

伸缩缝止水

23

360

槽身

槽身

225 | 211 | 197

68

338

225

45

23

C15灌砌石

68

338

79

45

68

113

68

204

纵剖面图 1:150

说明:

1. 尺寸单位以厘米(cm)计。

2. 渡槽纵向比降为 $i=1:1000$。

（工程设计单位）			
设计		设计编号	
校核		图号	
审定			**渡槽纵剖面图**
审核			
项目负责			
日期		比例	

图 3.111　渡槽纵剖面图

3.4.1 熟悉图纸

绘制工程图之前首先应对图形（图3.111）进行分析，看懂图中尺寸，确定绘图步骤。

3.4.2 绘图环境设置

渡槽纵剖面图的绘图环境设置参照任务3.2绘图环境设置。

3.4.3 主要绘图步骤

1. 绘制矩形

将粗实线层设为当前层，调用"矩形"命令 ⬜ 或"直线"命令 ✏ 按钮，绘制长为338mm，高为68mm的矩形，如图3.112所示。

图3.112　矩形绘制

2. 绘制渡槽支墩

调用"直线"命令 ✏ 按钮，绘制图3.113中的渡槽支墩图形。

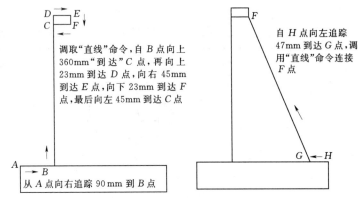

图3.113　渡槽支墩绘制

3. 绘制进口段

（1）调用"直线"命令 ✏ 按钮，自A点起向上追踪45mm到达B点，画长为633mm的线段BC。BC线段画好后，对其进行偏移操作，即调用"偏移"命令 ⬚ 按钮，在命令栏 指定偏移距离或 [通过(T)/删除(E)/图层(L)] <通过>:中输入23，其次选择BC为要偏移的对象，再指定上侧为偏移的方向，即得第一条偏移线段，重复相同命令的操作，输入偏移距离为180mm和23mm，即得线段上部的三条线段，如图3.114所示。

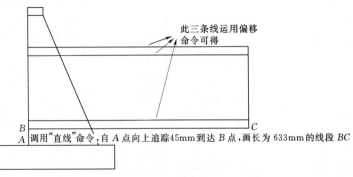

图3.114　BC线段的绘制及偏移操作

（2）连接CD，以CD为基础线段，调用"偏移"命令 ⬚ 按钮，向左分别进行偏移197mm和211mm，得到线段EF和GH，如图3.115所示。

（3）Ctrl＋A键对图形全选，调用"分解"命令 ✂ 按钮，将图形分解，如图3.116所示。

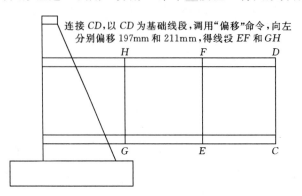

图3.115　CD、EF、GH线段的绘制

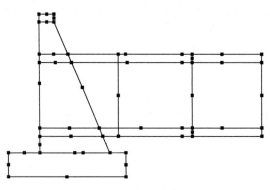

图3.116　全选并分解

（4）选择如图3.117所示的线段，在线型选择上，选取虚线线型 ，得出最终图像，如图3.118所示。

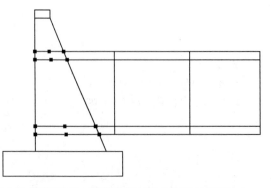

图3.117　选中需转换为虚线段的线段

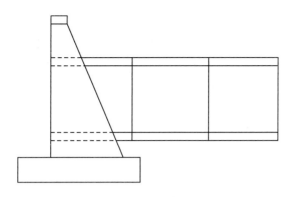

图 3.118　虚线段的绘制

4. 绘制进口段上部结构

调用"直线"命令／按钮，绘制进口段上部结构，如图 3.119 所示。

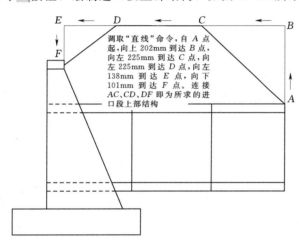

调取"直线"命令,自 A 点起,向上 202mm 到达 B 点,向左 225mm 到达 C 点,向左 225mm 到达 D 点,向左 138mm 到达 E 点,向下 101mm 到达 F 点。连接 AC、CD、DF 即为所求的进口段上部结构

图 3.119　进口段上部结构绘制

5. 绘制渡槽边墩

调用"直线"命令／按钮，绘制渡槽边墩，绘制方法与渡槽支墩相同，现将主要尺寸标注如下，自行完成绘制，如图 3.120 所示。

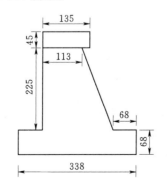

图 3.120　渡槽边墩绘制

6. 绘制渡槽下部桥梁

（1）调取"矩形"命令□按钮，以 A 为起点，绘制长为 1983mm、宽为 45mm 的矩形 ABCD，如图 3.121 所示。

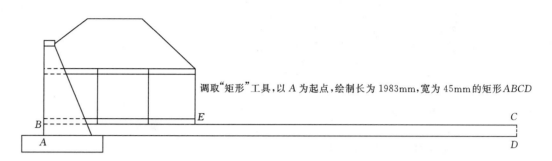

调取"矩形"工具,以 A 为起点,绘制长为 1983mm,宽为 45mm 的矩形 ABCD

图 3.121　渡槽下部桥梁绘制

（2）将方才画出的矩形结构用"分解"命令／进行分解，再选中线段 BC，调取"打断于点"命令□按钮，打断于点 E。

7. 绘制槽身

（1）调取"偏移"命令▱按钮，以线段 AB 为基准，选择偏移距离为 34mm，偏移得第一条槽身线 L1；再设置偏移距离 169mm，偏移得第二条槽身线 L2，如图 3.122 所示。

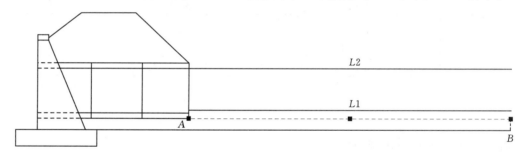

图 3.122　槽身线 L1、L2 的绘制

（2）绘制小正方形，如图 3.123 所示。

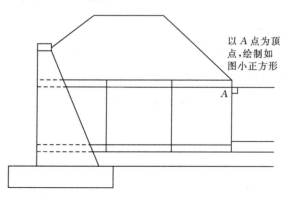

以 A 点为顶点,绘制如图小正方形

图 3.123　绘制小正方形

（3）选中小正方形，调取"复制选择"命令 🔲 按钮，开启对象捕捉中的中点捕捉命令，以小正方形上边线的中点为基点进行复制移动，如图3.124所示；向右复制移动的距离均为266mm，重复操作5次，得到如图3.125所示图形。

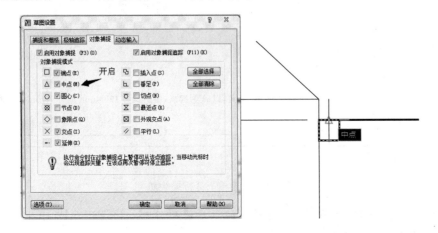

图3.124　选择小正方形

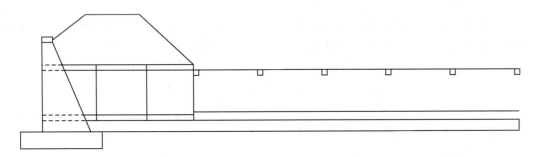

图3.125　复制移动小正方形

8. 连接边墩和渡槽上部结构

将边墩和渡槽上部结构连接，如图3.126所示。

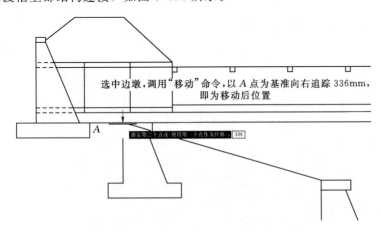

图3.126　边墩与渡槽上部结构连接示意图

9. 绘制渡槽支墩

调用"直线"命令 ／ 按钮，绘制渡槽支墩，方法和绘制槽墩相同，如图3.127所示。

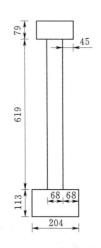

图3.127　渡槽支墩图绘制

10. 绘制渡槽上部结构

调用"镜像"命令 ⚐ 按钮，绘制完整渡槽上部结构，如图3.128所示。

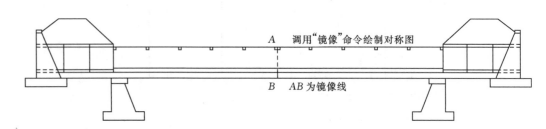

图3.128　完整渡槽上部结构绘制

11. 连接槽墩与渡槽上部结构

将槽墩加入绘制好的上部结构中，将槽墩部分选中，调取"移动"命令 ✛ 按钮，选择 A 点为基点，如图3.129所示。

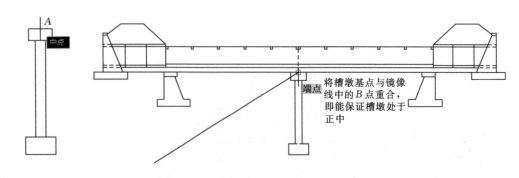

图3.129　槽墩与渡槽上部结构连接示意图

12. 填充

（1）启用"图案填充"命令 ⊞ 按钮，将图层切换到"填充图层"对图形进行填充，设置数据如图 3.130 所示，取用混凝土填充样式，将角度设为 0，将比例设为 0.1，以添加拾取点的方式对渡槽进行填充操作，结果如图 3.131 所示。

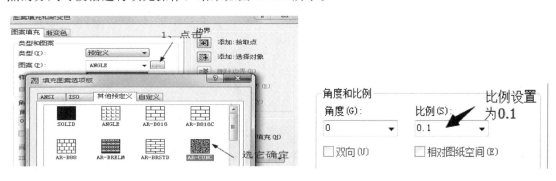

图 3.130　填充设置

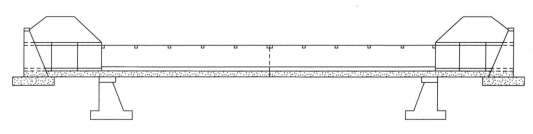

图 3.131　混凝土填充位置示意图

（2）调取"样条曲线"命令 ∿ 绘制 C15 灌砌石，如图 3.132 所示。

（3）将绘制好的灌砌石复制移动到渡槽结构相应位置中，表示填充结果，如图 3.133 所示。

13. 标注

（1）将当前图层切换到"尺寸"图层，用所设标注样式及尺寸标注命令标注所有尺寸。尺寸标注错误或尺寸数字不合适时应使用尺寸标注修改命令进行修改。

（2）将当前图层设为"文字"图层，注写各图形的文字及说明，如图 3.134 所示。

14. 绘制图幅

绘制 A2 图幅和标题栏，并装图，得成图，注意布图匀称，如图 3.135 所示。

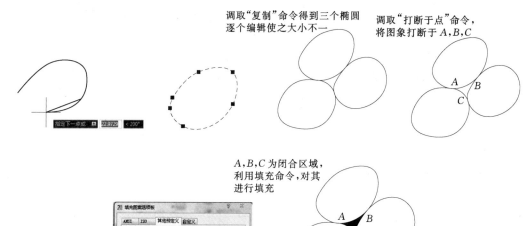

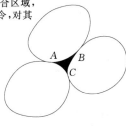

图 3.132　绘制 C15 灌砌石

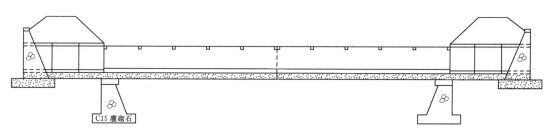

图 3.133　填充最终结果图

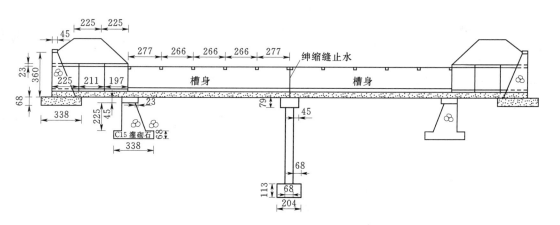

图 3.134　标注后图形

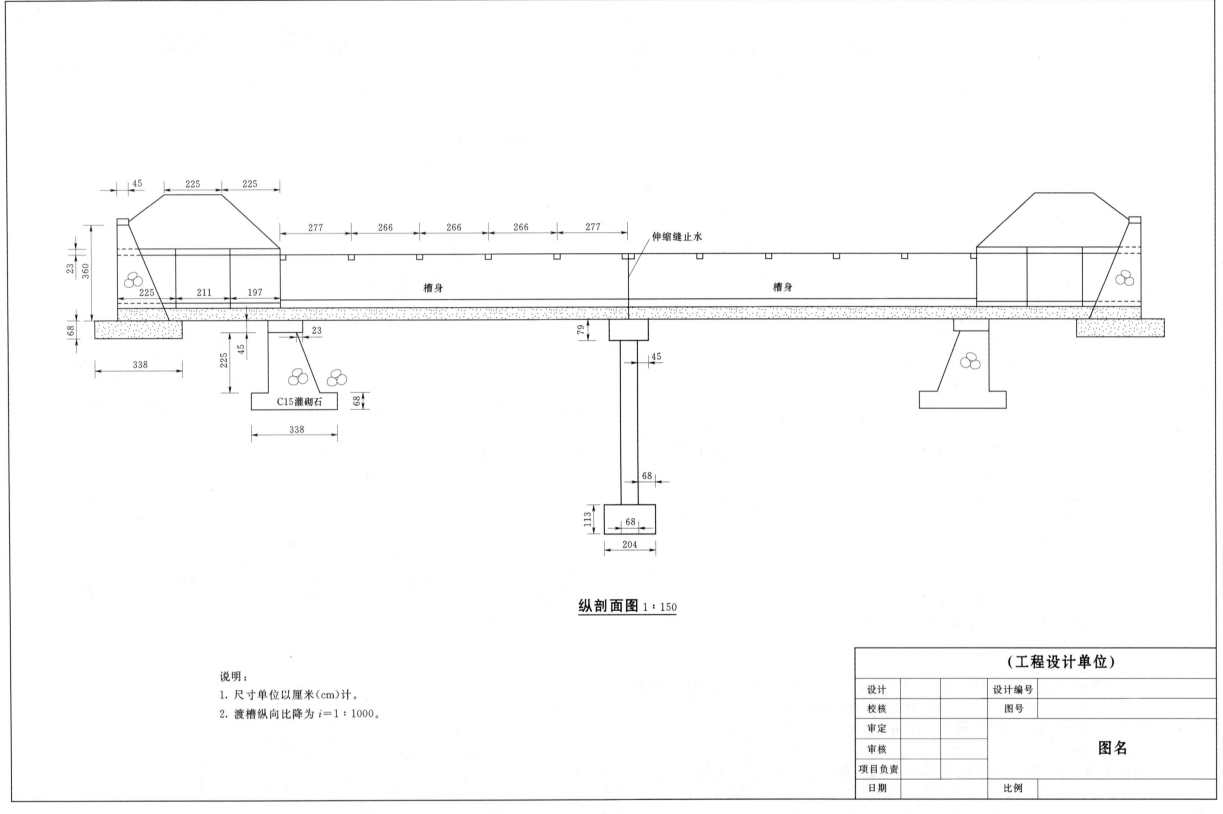

纵剖面图 1:150

说明：
1. 尺寸单位以厘米（cm）计。
2. 渡槽纵向比降为 $i=1:1000$。

（工程设计单位）		
设计		设计编号	
校核		图号	
审定			
审核			图名
项目负责			
日期		比例	

图 3.135　成图

任务 3.5 绘制水池梁及盖板配筋图

水池盖板配筋图 1:50

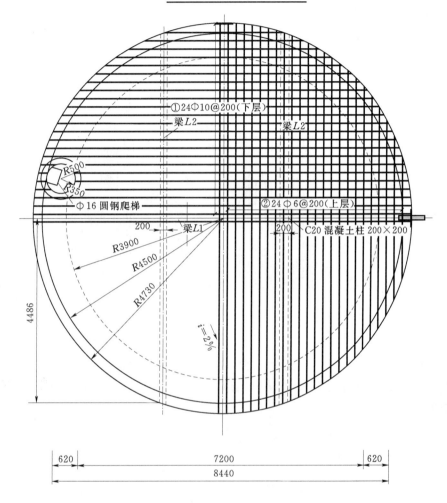

水池盖板纵剖面配筋图 1:10

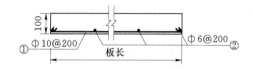

钢筋表

名称	编号	钢筋详图/mm	规格	长度/m	根数	重量/kg
梁 L1	①	9410	Φ10	9510	2	11.11
	②	9410	Φ18	9590	2	36.3
	③	90 340	Φ8	910	38	13.65
水池盖板	①	9410~435 Δ=17~2310	Φ10	9510~535	24×2	217.28
	③	9410~435 Δ=17~2310	Φ6	9470~496	24×2	64.73
合计						343.07

爬梯钢筋表

直径/mm	钢筋样式	单根长度/mm	根数	总长度/m	重量/(kg·m⁻¹)	总重/kg
Φ16	200 400	800	21	22.4	1.578	26.51

梁 L1 配筋图 1:50   梁 L1 1-1 剖面图 1:10   梁 L1 2-2 剖面图 1:10

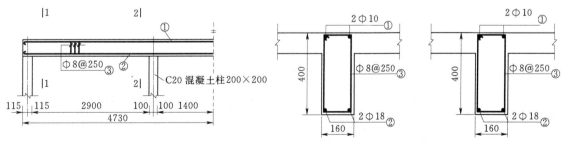

说明：
图中尺寸单位为 mm。
1. 图中尺寸单位为 mm。
2. 人群荷载 $q=3.0kN/m^2$。
3. 板的保护层厚度为 2.5cm。
4. 梁的保护层厚度为 3.5cm。
5. 钢筋为Ⅱ级钢筋，弯钩采用 5d。
6. 钢筋损耗按 3% 计。

（工程设计单位）			
审定		证书编号	咨询:
			勘察/设计:
审查			工程　施工　阶段
			水工　部分
校核			
设计			水池梁及盖板配筋图
制图		比例　如图	日期
输出	AutoCAD	图号	

图 3.136　水池梁及盖板配筋图

3.5.1 熟悉图纸

绘制工程图之前首先应对图形（图 3.136）进行分析，看懂图中尺寸，确定绘图步骤。

3.5.2 绘图环境设置

本例绘图环境设置参照任务 3.2 绘图环境设置。

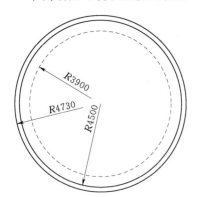

图 3.137 水池盖板

1. 水池盖板绘制

切换到水池图层。绘制水池池壁与底板，调用"绘图"→"圆命令"在屏幕任意位置处以 4500mm 为半径作圆，做好半径为 4500mm 圆后调用"修改"→"偏移"命令选择圆向外偏移 230mm、向内偏移 600mm。线型可单独控制，如图 3.137 所示。

2. 绘制梁 L1、L2 和柱

切换到梁、板轮廓图层。L1 梁尺寸为 160mm×400mm，L2 梁尺寸 200mm×400mm。首先过圆心绘制两条相互垂直的直径，然后调用偏移命令将横向直径向上、下各偏移 80mm，将纵向直径向左、右两个方向都偏移 1400mm、1600mm。调用修剪命令修剪掉纵向超出池壁的线段。在 L1、L2 相交处调用绘图→直线命令将四个交点首尾相连绘出柱，如图 3.138 所示。

修剪命令剪掉超出部分

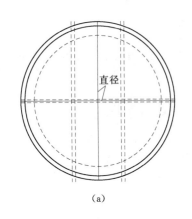 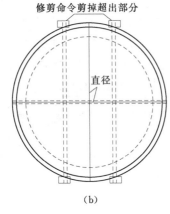 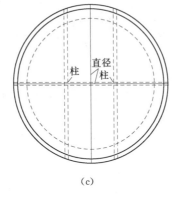

(a)   (b)   (c)

图 3.138 梁、柱绘制

3. 绘制盖板上、下层受力钢筋

切换到钢筋图层。首先绘制上层受力钢筋，调用偏移命令将纵向直径向右偏移 100mm，用鼠标选择偏移好的线条，然后将鼠标指向图层工具栏，将其图层设为钢筋图层。调用"修改"→"阵列"命令，将该纵向钢筋向右做矩形阵列，行为 1，列为 24，列偏移值为 200mm，其余参数设置不变。执行阵列后，调用偏移命令将水池外壁向内偏移 25mm 留出保护层，然后再调用修剪命令将所绘制的钢筋超出保护层厚度外的部分修剪掉。修剪完多余的钢筋后用"修改"→"删除"命令将刚刚向内偏移出 25mm 的圆删除。下层受力钢筋主要绘制方法可参照上述上层受力钢筋画法。偏移如图 3.139 所示，阵列如图 3.140 所示，修剪如图 3.141 所示。

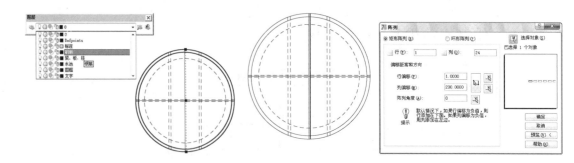

图 3.139 偏移

执行完修剪后,删除此圆

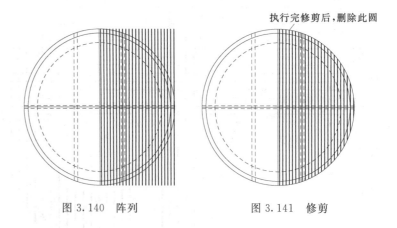

图 3.140 阵列   图 3.141 修剪

4. 绘制梁 L1 配筋图

切换到梁、板、柱图层。调用"绘图"→"直线"命令自右向左绘制一条长 4730mm 线段，然后自左侧端点向下绘制长 400mm 线段，再向右绘制长 4730mm 线段，完成梁 L1 的绘制，如图 3.142 所示。

A

图 3.142 梁轮廓线绘制

5. 绘制边墙及柱

切换到水池图层。调用"绘图"→"直线"命令自 A 点向下绘制一条长 1000mm 线段（因此处仅为示意，故绘制的直线段长以不超过水池边墙高为宜），绘制好直线后，调用"修改"→"偏移"命令将该直线向右分别偏移 230mm、3130mm、3330mm。选中上述偏移 3130mm、3330mm 的两条直线，将光标指向图层工具栏，将其图层设为梁、板、柱图层，如图 1.144 所示。

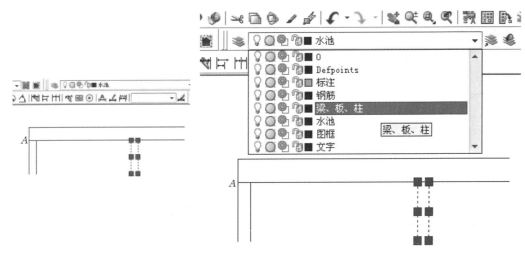

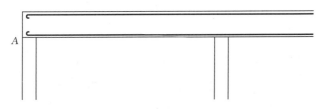

图 3.143　绘制边墙及柱

6. 绘制梁内①、②、③号钢筋

从图纸说明可知梁内保护层厚度为 35mm，将梁上、下边线向内偏移 35mm，选中上述向内偏移好的两条直线，将鼠标指向图层工具栏，将其图层设为钢筋图层。调用"绘图"→"圆弧"命令在右侧离梁左端 35mm 处绘制弯钩，如图 3.144 所示。

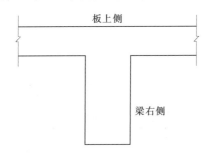

图 3.144　梁内钢筋绘制

7. 绘制梁轮廓线

边墙中心线、柱中心线可调用直线命令绘制，梁左侧对称线可调用直线命令绘制，但要注意图层，切换到同一图层后，线型可单独控制，如图 3.145 所示。

图 3.145　梁轮廓线绘制

8. 绘制梁 L1 的 1-1 剖面图

利用直线等命令绘制出梁 L1 的 1-1 剖面图，本过程主要描述梁内钢筋绘制方法。将梁右侧边线向内偏移 35mm、梁底侧边线向内偏移 35mm。调用直线命令，以梁右侧向内偏移 35mm 的线条上侧端点为起点，向上绘制长 65mm 直线，然后向左绘制长 90mm 直线，再向下绘制长 330mm 直线。进行修剪后如图 3.146 所示，选中绘制的梁内钢筋，切换到钢筋图层。

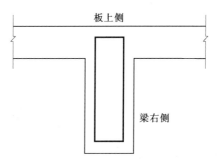

图 3.146　箍筋绘制

9. 绘制梁内纵向钢筋断面

在梁 L1 1-1 剖面图中梁内纵向钢筋断面用一个小黑圆点表示。调用"绘图"→"圆环"命令，调用命令后将圆环内径设为 0，外径设为 18mm，在梁内绘制纵向钢筋断面，如图 3.147 所示。

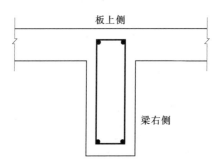

图 3.147　受力钢筋绘制

10. 其余步骤

尺寸标注、文本标注、表格绘制、图框及标题栏绘制，请参照任务 3.2 相关内容，完成钢筋图绘制，如图 3.136 所示。

任务 3.6 绘制房屋建筑首层平面图

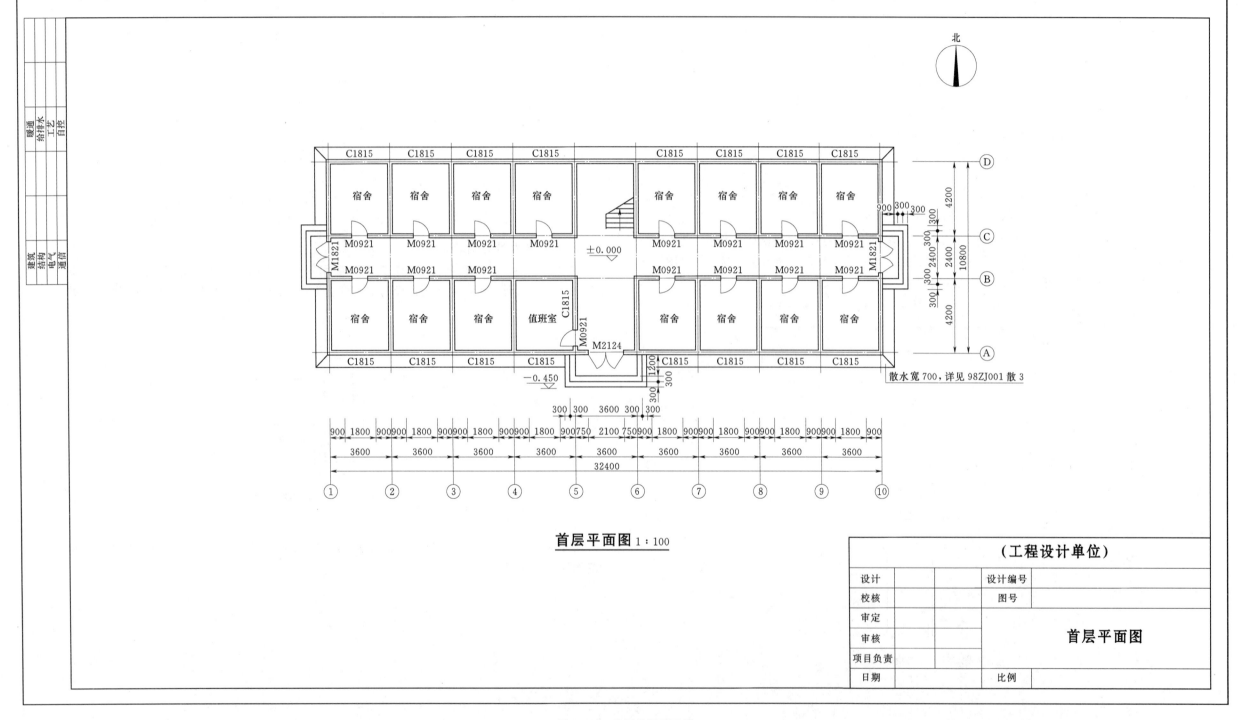

首层平面图 1:100

（工程设计单位）		
设计		设计编号	
校核		图号	
审定			**首层平面图**
审核			
项目负责			
日期		比例	

图 3.148 房屋首层平面图

3.6.1　熟悉图纸

绘制工程图之前首先应对图形（图3.148）进行分析，看懂图中尺寸，确定绘图步骤。

3.6.2　绘图环境设置

本例绘图环境设置参照任务3.2绘图环境设置。

3.6.3　主要绘图步骤

1. 绘制轴网

将"轴线"图层切换为当前层，在绘图窗口的命令行区域调用"XLINE"命令画一段横直线，再在左边区域画一段长的竖直线，根据各轴线间距，用"偏移"命令作出轴网，通过"修剪"命令把没有墙的地方的多余轴线修剪除去，最后锁定"轴线"图层使之不被修改。本例中横向偏移尺寸皆为3600mm，纵向偏移尺寸分别为4200mm、2400mm、4200mm。绘制好后的轴网（已添加尺寸标注），如图3.149所示。

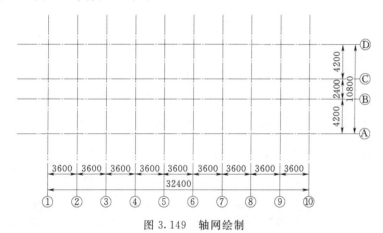

图3.149　轴网绘制

2. 绘制墙体

本例墙体厚度为240mm。将"墙线"图层切换为当前层，用鼠标单击"绘图"→"多线"命令，如图3.150所示。

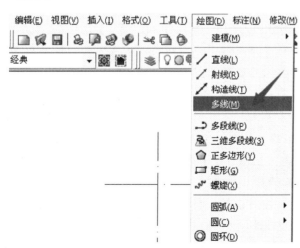

图3.150　调用"多线"

调用命令后，按图3.151进行设置。

```
命令：_mline
当前设置：对正 = 上，比例 = 1.00，样式 = STANDARD
指定起点或 [对正(J)/比例(S)/样式(ST)]：j
输入对正类型 [上(T)/无(Z)/下(B)] <上>：z
当前设置：对正 = 无，比例 = 1.00，样式 = STANDARD
指定起点或 [对正(J)/比例(S)/样式(ST)]：s
输入多线比例 <1.00>：240

当前设置：对正 = 无，比例 = 240.00，样式 = STANDARD
指定起点或 [对正(J)/比例(S)/样式(ST)]：
```

图3.151　"多线"命令设置

墙线绘制完毕后，单击"修改"→"对象"→"多线"打开"多线编辑工具"对话框，选择相应的编辑工具，打通墙与墙的连接，对无法编辑的部分也可在命令行输入X，回车后即可修剪墙体。

3. 绘制门窗和空洞

关闭"轴线"图层，用墙线偏移的方法，结合"修剪"和"延伸"命令，在墙上开窗洞和门洞。

将"门窗"图层设置为当前层，用直线命令和圆弧命令画门，用直线命令和偏移命令画窗。

本图中，M0921代表该构件为宽900mm、高2100mm的门；C1815代表该构件为宽1800mm、高1500mm的窗。

4. 绘制室外台阶、散水

建新布局的命令"layout"，创建一个名为"底层平面"的新布局，回车确定后弹出页面设置对话框。

将"台阶、散水"图层设为当前图层，用直线命令、偏移命令绘制室外台阶。台阶以主要进出口处为例，平台横宽为3600mm，纵向宽为1200mm；每级台阶宽为300mm。利用多段线命令沿外墙线绘制一封闭轮廓线，然后用偏移命令向外偏移700mm即可，利用修剪命令剪掉偏移700mm后的轮廓线与台阶相交部分，删除沿外墙线绘制的封闭轮廓线，完成散水的绘制，如图3.152所示。

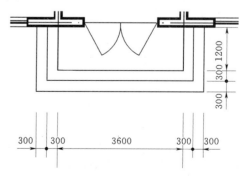

图3.152　台阶及散水绘制

5. 插入图框

首层平面图宜采用 A2 图框，下面介绍该图框绘制方法。

利用矩形命令绘制长、宽各为 594mm、420mm 的矩形框，绘制好后用分解命令炸开该矩形框，利用偏移命令将该矩形框上、下、左、右各边分别向内偏移 10mm、10mm、25mm、10mm。

绘制标题栏，其余图线采用细实线绘制。

注意：外框线线宽 0.09mm、内框线线宽 1mm、标题栏线 0.7mm、分栏线 0.35mm。图层选用图框图层、线宽单独控制。

6. 布局空间绘图环境设置

布局空间是 AutoCAD 专用于工程图纸标注和出图的绘图空间，如果将布局空间的"页面设置"设置为"A2 图幅"，则布局空间的大小为 594mm×420mm，在布局空间绘制的图形，单位尺寸不能按建筑图模型空间的尺寸推算，必须严格执行 GB/T 50001—2001《房屋建筑制图统一标准》，以下将以标准"A2"图幅为例，介绍工程图出图方法。

（1）新建视口图层。从"格式"菜单中选择"图层"。打开"图层特性管理器"，新建名为"视口"和"图框"的图层。将"视口"图层设置为当前层。

（2）创建新布局。从"插入"菜单中选择"布局"，然后选择"新建布局"。

（3）页面设置（以 DWF 格式电子打印机为例）。

1）设置打印设备。

a. 单击"打印设备"选项卡，在"打印设备"选项卡对话框中，将打印机名称设置为"DWF6 eplot. pc3"。

b. 单击打印机配置"特性"按钮，进入"打印机配置编辑器"对话框。

c. 选择"自定义图纸尺寸"，单击"添加"按钮打开对话框。

d. 选择创建新图纸，单击"下一步"打开"介质边界"对话框。设置图纸尺寸"594×420 毫米"。

e. 单击"下一步"打开"可打印区域"对话框，将上、下、左、右边界都设置为"0"。

f. 单击"下一步"打开"图纸尺寸名"对话框，设置图纸尺寸名。"下一步"确认完成设置。

2）设置打印样式。单击"打印样式"一项中的"新建"按钮，在依次出现的对话框中设置：创建新的打印样式表，给新的打印样式表命名；单击"打印样式表编辑器"按钮，设置打印样式；在"打印样式表编辑器"中将"红色 1""黄色 2""绿色 3""品红 6""白色 7"等颜色的打印特性设置为：颜色（黑色）、连接（斜接），其他设置不变。保存并关闭对话框。

3）布局设置。设置好打印设备后，切换到"布局设置"选项卡，将图纸尺寸设置为"用户 1（594.00×420.00 毫米）"，其他设置不变。

4）设置文字样式。从"格式"菜单中选择"文字样式"，打开"文字样式"对话框，设置文字样式（依照国家标准）：文本样式（GBA2）、SHX 字体（Gbenor. shx）、使用大字体（Gbcbig. shx）、字高（0）、宽度比例（0.7）。

5）设置标注样式。从"格式"菜单中选择"标注样式"打开"标注样式管理器"对话框。新建一个新标注样式"GBA2"，选择"GBA2"样式，单击"修改"按钮设置标注样式特性（依照国家标准）。可参照图 3.153 设置。

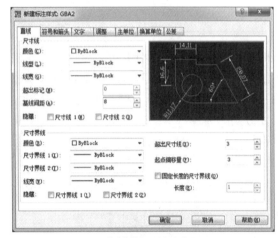

| (a)"直线"选项卡参数设置 | (b)"符号和箭头"选项卡参数设置 |

（c）"主单位"选项卡参数设置　　（d）"文字"选项卡参数设置

图 3.153　标注样式

7. 绘制 A2 图幅和标题栏

绘制 A2 图幅和标题栏并装图，注意布图匀称。为了图幅美观可以采用"移动"命令按钮来布置图幅格式，完成房屋首层平面图绘制，如图 3.148 所示。

8. 在布局空间出工程图

双击视口线，打开属性对话框，将"标准比例"设为"1：100"，"显示锁定"设为"是"。关闭对话框，调整好视口大小，出图。

参 考 文 献

[1] SL 73.1—2013 水利水电工程制图标准 基础制图．北京：中国水利水电出版社，2013．

[2] 曾令宜．水利工程制图．北京：高等教育出版社，2007．

[3] 梁允．水利水电工程施工图识读快学快用．北京：中国建材工业出版社，2011．

[4] 沈刚，毕守一．水利工程识图实训．北京：中国水利水电出版社，2010．

[5] 张多峰．AutoCAD 工程制图实训教程．北京：中国水利水电出版社，2010．

[6] 郝红科．水利工程图识读与绘制。北京：中国水利水电出版社，2011．

[7] 尹亚坤．水利工程识图．北京：中国水利水电出版社，2010．

[8] 胡建平，宴成明．水利工程识图与绘图．广州：华南理工大学出版社，2012．

[9] 曾令宜．AutoCAD2004 工程绘图技能训练教程．北京：高等教育出版社，2010．